U0394631

2018年度国家社科基金重点项目；课题编号：18AJY021；
课题名称：劳动力转移视角的农村家庭金融资产配置研究。

2016年度山东省社会科学规划研究项目；课题编号：16CJJJ37；
课题名称：社会资本与农村家庭风险金融市场参与——基于山东省的调查研究。

2018年度潍坊学院博士科研启动基金项目；课题编号：2019BS23；
课题名称：社会资本、金融排斥与农村家庭金融资产选择。

社会资本与农村家庭金融资产选择

基于金融排斥视角

SHEHUI ZIBEN YU NONGCUN JIATING
JINRONG ZICHAN XUANZE

陈　磊　葛永波　著

人 民 出 版 社

序　言

　　金融是现代经济的核心，农村经济的发展和乡村振兴离不开金融的支持，如何通过农村金融的发展，使更多的农村家庭参与金融市场，充分发挥金融市场的资源配置作用，改善农村家庭的生产和生活条件，促进农民收入的提高和福利水平的改善，是我国农村金融的重要研究内容。当前，有关农村金融问题的研究主要集中于农村信贷供给，即如何满足农村家庭的融资需求，解决农民贷款难、贷款成本高的问题，对于农村家庭在金融市场中的投资即金融资产配置行为则关注较少。

　　农村家庭通过金融市场合理地配置其家庭资产，有利于财产的增值保值，对于防范和缓解农民的收入风险、平滑农村家庭的消费、缩小财富差距、提高农村社会保障水平都具有比较重要的意义。但从当前我国农村家庭状况看，金融资产和金融市场参与水平都比较低，全部资产中，金融资产仅占7%，而且以现金和存款为主（72%），农村家庭风险市场参与率仅为1.6%，远远低于城市的16.9%（甘犁，2014）。农村金融发展需要广大农村居民和家庭的广泛参与，这一问题的存在，制约了农村金融的深化，同时也使得农村家庭难以全面享受到金融市场的服务，以及由此带来的财富效应和福利。

要对我国农村家庭这一状况进行分析，更好地促进农村金融市场的发展，就需要对农村家庭的金融市场参与以及金融资产配置行为进行研究，深入分析其影响因素，为采取相应的措施创造良好的金融环境和条件，提高农村家庭参与金融市场的积极性，为更好地发挥农村金融对于农村经济发展的促进作用提供相应的政策依据。

对此，本书基于金融排斥视角对我国农村家庭金融资产选择问题进行了深入分析，从需求端和供给端两方面对农村家庭金融资产选择中面临的金融排斥状况进行了定量评价，分析了这一排斥产生的原因。针对于农村家庭金融资产选择及其排斥问题，本书结合农村社会特点，进一步探讨了农村家庭的社会资本对其金融资产选择和排斥的影响，分析了其影响机制，并进行了实证检验。

同时，为了揭示金融资产配置的重要性，本书进一步从风险市场参与状况以及风险资产数额和比例两方面对于农村家庭风险金融资产选择与其消费支出的关系进行了实证研究。

本书的研究将农村金融排斥问题的研究由信贷延伸到了农户的金融资产配置，丰富了农村金融和金融排斥理论的研究体系，同时将农村社会资本引入到这一问题的研究中，拓展了农村金融研究的视角，具有较为重要的学术价值。结合研究的有关结论，针对如何缓解农村家庭金融资产选择中面临的金融排斥问题，促进农户金融资产的合理配置，本书提出了相关的政策建议，也具有一定的政策意义。

自新中国成立以来，农村金融一直是学术界关注的热点问题，随着我国经济的发展和农村金融制度的改革，对于农村金融问题的研究也不断扩展，本书的研究正是在这一过程中的一次有益的尝试，尽管研究中还存在一定的不足之处，但希望这一研究能够抛砖引玉，在学术界同仁的共同努力下，使我国农村金融问题的研究进一步深化。

目　录

第一章　绪　论

一、农村家庭金融资产选择及排斥问题的研究背景

农村发展问题长期以来都是我国现代化进程中亟待解决的突出问题，而在以金融为核心的现代经济体系中，要充分调动农村地区的经济活力、实现农村资源的合理配置、促进农村经济和社会的发展，必须充分发挥金融体系和金融市场的作用。然而，从我国农村地区金融现状来看，农村金融发展水平较为落后，许多农村地区面临着严重的金融排斥，大量的农村居民和家庭难以享受到便捷、全面的金融服务，这在很大程度上制约了农村经济的发展和社会的进步。

根据中国人民银行的统计，截至 2016 年年末，我国农村地区每万人拥有银行网点数为 1.39 个，村均拥有银行网点数为 0.23 个[①]，总体来看，金融机构在农村地区的网点数量偏少。而从农村金融服务的可得性来看，我国很大一部分农村的金融需求得不到有效的满足，正规金融机构对农户贷款的覆盖率较低（马九杰和沈杰，2009），农村居民对农村金融服务的使用率不高（粟芳和方蕾，2016），有相当比例的农户没有银行账户，没使用过存款和汇兑结算等基本金融服务（周立等，2013）。

在这种情况下，如何缓解我国农村的金融排斥，提高农村家庭的金融服

---

① 中国人民银行：《2016 年农村地区支付业务发展总体情况》。

务水平，已经成为深化农村金融改革，解决"三农"问题，促进农村经济、社会和文化发展的关键环节。对此，学术界进行了广泛深入的研究，我国政府也出台了一系列的政策和规划，作为深化农村金融改革、缓解农村金融排斥问题的行动纲领。如2010年"中央一号文件"将消除农村金融服务空白点作为战略部署，并出台了一系列相应的措施。2014年发布了《国务院办公厅关于金融服务"三农"发展的若干意见》，对农村金融发展和农村金融服务体系的完善作出了详细和深入的部署，提出要大力发展农村普惠金融，推进农村金融基础服务全覆盖。紧接着2015年，国务院又发布了《推进普惠金融发展规划（2016—2020年)》，对我国普惠金融发展作出了详细的规划。

从当前研究和政府政策来看，关注的重点主要集中于农村居民融资需求的满足及贷款可得性，即如何解决农民面临的贷款难、贷款成本高的问题。而对于农村家庭其他方面的金融需求，尤其是金融资产配置需求缺乏足够的重视和系统的研究。

金融资产的选择配置是除贷款、结算、保险之外的重要金融服务。改革开放以来，我国经济得到了快速发展，金融市场也不断完善，我国居民的人均收入水平得到了显著提高。伴随着收入的增加，居民的投资理财意识和需求也在不断提高，越来越多的中国家庭开始参与到金融市场，注重金融资产的选择与多样化配置，以期在保证资产安全的同时追求更高的投资回报率，从而实现资产安全性、流动性和收益性之间的平衡，这在城市地区尤为明显。

但从农村家庭资产配置状况看，农民的金融市场参与水平还比较低，根据西南财经大学组织的中国家庭金融调查（CHFS），我国农村家庭金融资产占全部资产的比率较低，仅为7%，而且以现金和存款为主（72%），农村家庭风险市场参与率仅为1.6%，远远低于城市的16.9%（甘犁，2014）。这和农村金融发展水平落后有关，也在一定程度上反映出，农村家庭在金融资产选择方面可能也面临着金融排斥问题，为此，有必要对农村家庭金融资产选择行为及其面临的金融排斥问题进行深入研究。

农村家庭金融资产选择行为可能受到许多因素影响制约，而结合农村经济和社会特点，本书将重点研究社会资本这一要素。许多研究表明，社会资本对于我国农村居民的经济行为具有重要的影响，而这一因素是否会有助于缓解农村家庭金融资产选择面临的金融排斥，促进其金融资产选择？其影响机制又是如何？本书将对此进行深入研究。

基于上述原因，本书将从金融排斥视角，对我国农村家庭的金融资产选择状况进行研究，尝试就以下问题予以解答：（1）我国农村家庭在金融资产选择中面临的排斥状况如何，其成因何在？（2）社会资本通过何种途径和机制影响农村家庭金融资产选择，其是否有助于缓解农村家庭的金融资产选择约束？（3）农村家庭金融资产配置对其有何意义？

二、农村家庭金融资产选择及排斥研究的目的和意义

（一）研究目的

本书研究的主要目的是，基于金融排斥视角，对我国农村家庭在金融资产选择中面临的排斥状况进行客观分析，从供给和需求两方面分析这一排斥形成的原因，并结合农村社会特点，探讨社会资本对农村家庭金融资产选择及其面临的金融排斥的影响。具体来说，主要包括以下几个方面。

第一，对我国农村家庭在金融资产选择中面临的金融排斥现象进行客观分析，并对其成因进行专门的探讨。目前在农村金融及其排斥的研究中，对农村家庭金融资产选择问题关注较少。伴随着农村经济的发展，农民的金融需求也在逐渐增加，但由于金融排斥的存在，使得农村家庭的金融资产配置需求受到了抑制。为此，本书拟通过对农村家庭金融资产选择行为进行理论与实证研究，揭示其面临的金融排斥现状，并从需求端和供给端两个角度对其形成原因进行分析，为农村金融和普惠金融的健康发展提供理论依据。

第二，从理论角度揭示社会资本与农村家庭金融资产选择之间的内在联

系，深入分析社会资本缓解农村家庭金融资产选择排斥的影响路径和机制，并对其进行实证检验。相对城市和国外经济而言，我国农村社会具有自身特点与演进规律，社会资本在农村资源配置中发挥着独特的作用，由此也会对农村家庭的金融行为带来重要影响。为此，本书将结合我国农村社会行为特点，探讨社会资本与家庭金融资产选择之间的内在联系，并在此基础上系统分析社会资本有效缓解农村家庭金融资产选择及排斥和约束的途径与机制。同时，利用有关调查数据，对这一影响机制和效应进行检验，从而为缓解农村家庭面临的这一金融排斥提供相关的解决思路和理论支持。

第三，对于农村家庭金融资产选择与消费的关系进行实证检验，揭示这一金融行为对于农村家庭的重要性，为加深农村居民对于金融资产配置的认识提供经验证据。

（二）研究意义

本书的研究是对农村金融和金融排斥有关理论及研究的丰富和拓展，这一研究有助于人们更好地了解农村家庭的金融资产选择行为，揭示农村居民金融资产选择中面临的金融排斥问题及其形成的原因，也有助于人们加深农村家庭金融资产配置的重要性的认识，了解农村社会资本在金融资产选择中的重要作用，从而为我国农村金融改革的深化、农村金融发展提供相应的政策依据。

1. 理论意义

首先，本书的研究是对农村金融以及金融排斥理论的完善和补充。当前对于农村金融排斥这一问题的研究主要集中于以下两方面：一是从整体角度，对于整体农村金融排斥状况及程度进行分析和测量，研究农村金融排斥的影响，并就如何缓解农村金融排斥提出相应的解决路径；二是研究农村居民在某一具体金融服务获取时面临的排斥，这方面的研究主要聚焦于农村面临的信贷约束。因此，从当前研究来看，对于农村家庭金融资产选择方面的金融排斥研究较少，我们则立足于农村家庭的金融资产选择行为，将农村金融排斥的研究扩展到金融资产选择领域，对于这一排斥形成的原因进行理论归纳和分析，这有助于更好地了解农村家庭的金融行为，丰富和完善农村金融及金融排斥的理论体系。

其次，本书的研究将家庭金融资产选择的研究扩展到农村家庭，并结合金融排斥和社会资本进行分析，丰富和完善了家庭金融理论的研究内容和体系。家庭金融资产选择是家庭金融理论研究的重要领域，相关研究在国内出现较晚，是一个较新的研究领域，对于农村家庭的相关研究更是刚刚起步。我们从金融排斥视角，对农村家庭金融资产选择行为进行分析，并结合我国农村社会特点，从社会资本方面研究农村家庭金融资产选择排斥的缓解机制和路径，拓展了对于农村家庭金融资产选择行为的研究视角，进而也丰富和完善了家庭金融理论的有关研究。

2. 现实意义

本书的研究不仅是对当前有关理论和研究的扩展，具有较高的理论意义，同时也为我国农村金融的深化改革、金融机构的业务创新提供了相应的理论依据，有助于提高我国农村家庭的金融市场参与，促进其资产的合理配置，因而具有较为重要的实践价值。

首先，从政府层面上，促进农村金融市场的完善和农村金融的发展，推进普惠金融体系建设是当前我国金融改革的重要内容，而家庭金融资产的选择和多样化配置则是其中的重要一环，并且随着居民收入水平的提高和投资理财意愿的增强，其重要性也日益增加。本书对我国农村家庭在资产选择过程中面临的金融排斥现象及其形成机理进行了深入分析，并从社会资本方面探讨了其缓解路径，有助于全面刻画和减少农村金融约束与功能缺失问题，促进农村家庭资产的合理配置，从而为深化农村金融改革、助力普惠金融发展提供相应的政策依据。

其次，从金融机构层面上，随着经济的发展，金融市场的完善和金融创新的不断涌现，资产管理和投资理财业务已经逐渐成为各类金融机构的重要收入来源和资金来源，而农村市场在这些业务开展方面具有重大的潜力，亟待开发。本书对于农村家庭金融资产选择行为及其金融排斥和缓解机制的研究有助于各类金融机构全面了解与把握农村家庭的实际金融需求，并针对农村市场的需求特点，开发设计相关的金融产品，从而有助于促进金融机构的金融产品与服务创新，提高其竞争力。

最后，从农村家庭和农村发展层面上，本书的研究对于农村家庭提高对金融资产选择的认识、合理配置资源、控制资产风险、促进财富积累具有重要的参考价值，也有利于农村经济和社会的发展。

三、本书的研究内容、技术路线与方法

（一）研究内容

本书聚焦于农村家庭金融资产选择，从金融排斥和社会资本角度对农村家庭金融市场参与决策、金融资产配置状态及其对消费行为的影响等问题进行深入研究。其研究的主要内容和后续章节安排具体如下。

第二章为社会资本、金融排斥与家庭金融资产选择相关研究梳理。主要对当前在家庭金融资产选择、金融资产配置效应、农村金融排斥和社会资本与农户经济行为方面的研究文献进行梳理，并对研究所涉及的金融排斥和社会资本的概念及内涵进行界定，为后文研究奠定基础。

第三章为中国农村家庭金融资产选择状况。首先对研究的金融资产范畴进行界定，然后利用 2012 年和 2014 年中国家庭追踪调查（CFPS）数据，对我国农村家庭的金融资产配置现状从规模和结构以及城乡差别等方面进行了对比分析。

第四章为中国农村家庭金融资产选择排斥及原因分析。基于需求排斥和供给排斥的划分，从认知排斥、知识排斥、风险排斥、工具排斥、流动性排斥、地理排斥和营销排斥等方面对农村家庭金融资产选择排斥状况进行了定量分析，并结合农业、农村和农民的经济社会特点对这一排斥形成的原因进行了深入探讨。

第五章为社会资本对农村家庭金融资产选择及排斥的影响机制。在借鉴他人研究的基础上，将社会网络、信任和互惠等社会资本变量引入到家庭最优资产选择模型中，揭示社会资本与家庭最优风险资产比例之间的关系。然后在理论推导基础上，结合前文金融排斥形成原因分析，从信息获取、金融知识、流动性约束、示范效应等方面深入分析了社会资本影响农村家庭金融资产选择及排斥的途径和机制。

第六章为社会资本与中国农村家庭金融资产选择及排斥的实证研究。首先在对农村社会资本特点分析的基础上，构建合理的衡量指标体系，然后选择相关指标和变量，利用 Probit 模型和 Tobit 模型从金融资产选择意愿和参与深度两方面，就社会资本对农村家庭金融资产选择及排斥的影响效应进行实证检验。

第七章为中国农村家庭风险金融资产配置对消费的影响研究。合理的金融资产配置对于家庭消费水平的提高和财富的积累具有重要的影响，为此，本章将采用倾向价值匹配（PSM）方法，在控制其他因素影响和选择误差的情况下，从农村家庭的消费行为着手，分析农村家庭金融资产选择对于其消费的影响，从而揭示农村家庭金融资产配置的重要性。

第八章为促进中国农村家庭金融资产合理配置的对策建议。对本书研究的结论进行归纳，并从社会资本培育、农村居民金融素养提升、农村金融机构发展和业务创新以及农村社会保障制度建设等方面提出相应的对策建议，从而有助于有效地缓解农村家庭金融资产选择及排斥，促进资产合理配置。

（二）技术路线

本书研究的具体思路和路线如图 1 - 1 所示，基本路径为：现状分析（农村家庭金融资产配置及排斥状况如何？）→排斥成因（农村家庭金融资产选择排斥的原因何在？）→社会资本对农村家庭金融资产选择及排斥的影响机制（社会资本如何影响农村家庭金融资产选择及排斥？）→社会资本影响效应（社会资本能否促进农村家庭金融资产选择？）→金融资产选择的消费效应（农村家庭投资金融资产有何意义？）→对策和建议。

具体而言，首先，利用相关调查数据对我国农村家庭金融资产配置状况进行分析，在此基础上，提出农村家庭金融资产选择中的金融排斥问题，并结合相关理论从供给和需求两方面对这一排斥形成的原因进行分析。然后，结合农村社会特点和社会资本理论，深入分析农村社会资本对于家庭金融资产选择及排斥的影响路径及缓解机制，并对其影响效应进行实证检验，进而从消费方面分析农村家庭金融资产选择的影响，揭示其重要性。最后，对本书的研究结论进行归纳，并提出相应的对策建议。

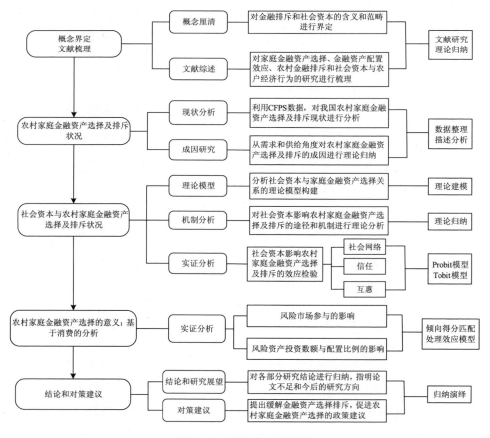

图1-1 研究技术路线图

（三）研究方法

本书在研究中采用了文献研究、理论归纳、实证分析等多种研究方法，具体方法如下。

1. **理论归纳与文献研究**

本书研究的两个重要理论问题主要有两方面：一是对我国农村家庭金融资产选择中面临金融排斥的成因进行解释；二是系统分析社会资本对农村家庭金融资产排斥的缓解机制和途径。对于上述两个问题的研究，需要对有关理论进行深入的分析，进而提出自己的观点。

2. **实证分析**

除有关理论的研究外，本书的研究还需要对社会资本各变量对农村家庭金融资产选择及排斥的影响效应，以及金融资产选择的财富效应进行检验，为此在研究过程中需要利用多种的计量方法和模型，具体包括以下三种。

（1）离散选择模型。家庭对各种金融资产的选择通常为离散变量，例如是否持有股票、债券、基金等金融资产，对于此类问题的实证分析需要借助于二元或者多元离散选择模型，为此我们通过 Probit 模型进行分析。同时由于考虑到模型可能存在的内生性问题，还将选择恰当的工具变量进行工具变量回归。

（2）截断回归模型。家庭的金融决策包括金融资产尤其是风险资产的持有比例，而很多家庭并不持有风险资产，因而会出现这一比例为 0 的情况，使得其数值分布呈现截断的特征，从而不服从计量模型中的正态分布假设，对于这一情况需要利用截断回归模型进行处理，为此我们采取 Tobit 模型进行实证分析。同时也针对模型存在的内生性问题，同样进行工具变量回归以便与基础回归进行对比。

（3）倾向得分匹配（PSM）。在对农村家庭金融资产配置效应分析中，本书主要研究农村家庭金融资产的选择能否有助于提高其消费，由于农村家庭的金融决策可能存在"自我选择偏误"而导致内生性问题，为此我们通过 PSM 方法选择对照组，然后进行对比检验，从而可以有效地控制其他可能因素的影响，避免选择误差，较为真实地反映金融资产的配置效应。

四、本书的创新之处

本书对于当前研究的贡献和创新之处在于以下三点。

第一，研究内容的拓展。本书将我国农村金融的相关研究扩展到金融资产选择领域，并基于金融排斥视角，对农村居民在金融资产选择中面临的排斥和约束进行深入分析，从而更全面和深入地揭示了我国农村家庭的金融行为特点及农村金融排斥问题，拓展了农村金融和金融排斥理论的研究内容。

此外，在金融资产对消费的影响效应分析中，当前研究主要集中于金融资产存量，没有考虑到家庭的金融市场参与，本书从风险市场参与、风险资产投资数额及比例两方面分析了农村家庭金融资产选择对于其消费支出的影响，这是对当前研究的补充和改进。

第二，理论模型的改进。家庭金融资产的优化配置实际上就是家庭的最优投资组合选择，当前有关的理论模型，大多都没有考虑社会资本变量的作用，本书基于效用最大化分析框架，将社会资本中的社会网络、信任和互惠内生于最优投资组合决策模型中，通过构建数理模型揭示社会资本与家庭最优投资组合即金融资产选择之间的内在联系，扩展了投资组合理论的模型和研究视角，也丰富和完善了家庭金融理论的研究内容。

第三，研究视角的扩展。本书结合农村社会特点和金融排斥成因，从社会网络、信任和互惠等方面研究了社会资本与农村家庭金融资产选择及排斥的关系，系统阐述了社会资本对农村家庭金融资产选择和排斥的影响机制和缓解途径，并利用农村家庭微观数据和计量分析方法进行了实证检验，扩展了农村金融和家庭金融的研究视角。

第二章　社会资本、金融排斥与家庭金融资产选择相关研究梳理

本书的研究涉及家庭金融资产选择、金融资产配置的影响效应、金融排斥和社会资本等研究领域，对此，本章将对于有关的理论和研究进行深入分析，对上述领域中国内外研究状况和理论观点进行回顾和总结，并对金融排斥和社会资本的概念进行厘清，从而为后续的研究奠定基础。

一、家庭金融资产选择影响因素

家庭的金融决策和行为是其重要的经济活动，家庭可以通过参与金融市场，利用各种金融产品和工具，合理安排其资源，从而实现自己的目标。例如家庭可以通过贷款获得自己所需要的资金支持，用于其生产投资或消费；也可以通过购买股票、债券等金融资产，合理配置其资产，保证资产的流动性和保值增值；还可以购买保险产品，使自己的健康、财产、养老等得到相应的保障。而本书研究的则是家庭的金融资产选择和配置行为，这在各类家庭金融行为中具有重要的地位，而且随着经济的发展、金融市场的完善、人民收入水平和金融意识的提高，其重要性也在不断提高。

（一）早期理论研究

金融资产选择中存在着风险和不确定性，因而经济个体的金融资产选择行为可能与其风险偏好有着密切的关系，因此早期有关金融资产选择的

研究多是基于理性人假设基础上，在考虑投资者风险偏好情况下，分析其最佳的资产选择行为。其中最具代表性的是现代投资组合理论，马科维茨（Markowitz，1952）对此具有开创性的贡献，他认为由于许多资产收益都具有不确定性，因而存在风险，投资者的目的是追求既定预期收益下的风险最小化，或者风险既定下的预期收益最大化，为此投资者应当分散化投资，在各种资产包括风险资产和无风险资产中进行适当的选择配置。在此基础上，托宾（Tobin，1958）在他的"两基金分离定理"中进一步阐述了投资者风险偏好与资产组合的关系，他认为投资者都应当持有相同的风险资产组合，这一风险资产组合与投资者偏好无关，风险资产组合加上无风险资产就构成了投资者的最优资产组合，而这一风险资产和无风险资产组合中风险资产比重会受到投资者风险偏好影响。夏普（Sharpe，1964）提出了著名的资本资产定价模型（CAPM），在这一模型中他对投资组合选择和风险的关系进行了进一步研究，认为投资者在资产选择中面临着系统风险和非系统风险，分散化投资只能消除非系统风险，而不能消除系统风险。

上述投资组合理论仅仅考虑了单期的资产选择问题，而金融资产配置是贯穿家庭和投资者整个生命周期中的行为，因此需要从生命周期角度研究家庭居民在一生中的最优资产选择行为。莫顿（Merton，1969）和萨缪尔森（Samuelson，1969）分别基于连续时间和离散时间对经济个体最优投资和消费行为进行了动态分析，他们也认为经济个体应当将一定比例的财富投资于风险资产，静态的最优风险资产比例在动态情况下也是最优的，即这一比例不会随着年龄的增加而变化，也不会随财富变化，仅与个体的风险偏好有关。但是，从实际来看，利率不是固定不变的，各类资产的回报率也会发生变动，因而动态的资产选择行为应当与静态情况下有所不同，莫顿（1971、1973）进一步对这一问题进行了分析，他认为在动态情况下投资者在资产组合选择时要考虑其财富以及投资收益受到的冲击，为了规避这些冲击，投资者应当对于其资产组合进行动态调整。布卢姆和弗兰德（Blume 和 Friend，1975）认为在中等风险偏好情况下，家庭应当把其财富在风险资产和无风险资产中进行较为平均的配置。

综上所述，早期有关金融资产选择的研究仅仅属于投资组合理论、资产定价理论研究内容的一部分，并没有独立出来成为一个单独的研究领域。其研究多是建立在传统的经济学研究框架之上的，假设经济个体都是理性人，最优的投资组合和比例应当满足收益既定下的风险最小化或者既定风险下的收益最大化，或者满足效用最大化。在研究中，仅仅分析家庭或投资者风险偏好与其资产选择及各类资产所占比例的关系，认为家庭应当持有一定数量和比例的风险资产。

然而现实中，家庭资产选择行为与理论预期并不一致，还有许多资产选择方面的行为和问题，投资组合理论和资产定价理论不能提供有效的解释。近些年来，各个国家和地区进行的家庭调查，例如美国消费者金融调查（SCF）、欧洲家庭金融与消费调查（HFCS）等为这一问题的进一步分析提供了较为详细和全面的数据支撑。通过对各个国家和地区家庭调查数据的分析发现，家庭金融资产选择呈现出较强的异质性，许多家庭并不持有股票，风险资产所占比重远低于理论上认为的最优水平，而且家庭往往会作出错误的投资决策，投资于高风险或者低收益的资产组合（Badarinza 等，2015）。而且金融资产选择中存在明显的年龄和财富效应，并非如莫顿和萨缪尔森所认为的独立于年龄和财富。要对这些与理论预期相矛盾的现象进行解释，就需要抛开传统经济学分析框架，结合家庭金融行为的特点，对家庭资产选择问题进行更深入和全面的分析，在这种情况下，家庭金融作为除资产定价、公司金融之外的另一金融研究分支应运而生（Campbell，2006），而家庭金融资产选择问题也从投资组合理论和资产定价理论中独立出来成为家庭金融研究的重要内容。

（二）家庭金融研究中关于金融资产选择的研究进展

家庭金融是曾经担任过美国金融学会会长的坎贝尔（Campbell，2006）提出的一个新的金融研究领域，其主要研究家庭如何利用各种金融工具来实现自己的目标，金融资产选择问题是其主要的研究内容之一。家庭金融有关研究表明，与早期的理论模型预测不同，家庭金融资产选择中存在许多令人困惑的现象，例如股市的"有限参与"、投资分散程度低、投资决策失误、富人投资组合、倾向于持有本地区或本公司的股票等（何丽芬，2010），对于这些现象，家庭金融研究认为，传统的理论模型都是基于不变风险偏好和完全市场假设下对于经济个体的投资和资产选择行为进行分析，而家庭风险偏好可能随着时间改变，不同的家庭其风险偏好也存在异质性，金融市场也并非是完全的，存在一定程度的市场摩擦和交易成本。对此，基于风险偏好异质性以及不完全市场角度，家庭金融的研究者对金融资产选择行为进行了更为深入的分析。

1. 市场摩擦和成本

传统理论研究基于金融市场是完全的条件下的，因而没有考虑交易摩擦和成本，而现实的市场是不完全的，家庭的金融市场交易不可避免面临着各种各样的摩擦，受到相应的限制，并需要为此付出一定的成本，包括参与成本和交易成本。参与成本包括金融资产投资的开户费用、了解投资相关知识以及为获得信息所支付的时间成本等，多表现为固定成本。交易成本包括交易税、收益税和中介费用等，多为比例成本。对此许多学者将市场摩擦和交易成本引入理论模型中，对于家庭金融资产选择行为进行了分析。

康斯坦丁尼德斯（Constantinides，1986）分析了比例交易成本对于风险资产交易的影响，他认为相对于没有摩擦的金融市场，此类交易成本的存在并不会抑制家庭对于股票的持有比例，但会制约股票交易的频率。而希顿和卢卡斯（Heaton 和 Lucas，1997）的研究则相反，他们认为交易成本对于家庭资产组合比例具有一定的影响，家庭更愿意持有交易成本低的金融资产。与比例交易成本相似的是税收，例如资本收益税，也会影响家庭的资产选择行为。波特巴和桑威克（Poterba 和 Samwick，2003）研究发现边际税率高的家庭投资有利税率资产的可能性更高，而且通常将这些资产配置在享受税收优惠的账户。戴蒙等（Dammon 等，2004）分析了投资者在税收优惠账户和纳税账户之间的资产配置策略，也得出了相似的结论，认为投资者应该在其税收优惠账户中配置更多的高税负的资产。

除交易成本外，在资产选择中还存在固定的参与成本，阿兰（Alan，2006）认为家庭在投资股票等金融资产时还必须花费一定的一次性成本，包括时间成本和资金成本，这部分成本约占投资者永久收入的 2% 左右。戈麦斯和迈克利兹（Gomes 和 Michaelides，2005）认为，股市参与的成本包括资金成本、信息搜寻成本、效用成本、福利成本等。这些参与成本的存在，降低了那些没有足够的时间和资金，缺乏专业知识的家庭参与金融市场的可能性。吉索等（Guiso 等，2002）认为由于固定成本的存在，财富多的投资者更有可能投资于股票，因为他们投资股票获得的效用可以弥补其参与成本，而财富少的投资者不持有股票更为理性。

2. 背景风险

背景风险指居民在金融资产配置中，除金融资产价格波动外还要承受的其他风险，包括劳动收入、房产、健康状况等，由于难以交易和市场的不完全性，这些风险不能够通过金融市场交易来避免和予以保险（Gollier，2001）。背景风险会影响投资者的风险偏好，降低其承担其他风险例如风险金融资产选择的意愿。

（1）房产

房产兼具消费品和投资品的双重属性，家庭可以从住房的消费中获得直接的效用，还可以从房产的增值中获得收益和财富的增长。但相对于金融资产而言，房产的流动性较差。房产对于家庭金融资产选择的影响有两方面。

一方面，房产增值会促进家庭财富的增加，从而使得家庭增加风险资产投资，陈永伟等（2015）利用 2011 年中国家庭金融调查（CHFS）数据研究了我国家庭住房财富与金融市场参与的关系，结果表明家庭房产价值的上升会显著增加参与股票市场和持有风险资产的概率，也会增加风险资产和股票持有比例。

另一方面，房产也会抑制家庭对风险资产的选择，因为房产的购买会使得家庭面临流动性约束，从而阻碍风险资产投资（Flavin 和 Yamashita，2002）。山下（Yamashita，2003）利用 1989 年 SCF 数据分析了住房投资和股票投资之间的关系，结果表明住房价值占净财富比重高的家庭持有的股票比重更低。岩崎（Iwaisako，2003）对日本家庭的研究也得出了类似的结论，他发现由于住房贷款的影响，日本家庭房产的购买会降低其风险金融资产的需求。科克（Cocco，2005）利用收入动态追踪调查（PSID）数据的研究也表明房价风险对风险金融资产选择具有挤出效应，会导致投资者降低股票投资，这一挤出效应对于年轻的和收入低的投资者来说更为严重。吴卫星和齐天翔（2007）利用我国调查数据的研究也表明中国居民的房地产投资对于股市投资具有"替代效应"或"挤出效应"。姚和张（Yao 和 Zhang，2005）将投资者区分为租房和拥有自己住房两类，分析了其资产选择行为，结果表明拥有住房的投资者股票占其包括股票、债券和住房在内的净财富比例较低，反映了住房对金融资产的替代效应；但在股票和债券等金融资产中，股票所占比例更高，反映了投资者的分散化投资策略。萨利玛（Saarimaa，2008）利用芬兰的数据也得出类似的结论。

上述学者都没有对两种效应分别进行研究，切蒂和塞德尔（Chetty 和 Szeidl，2010）则对于上述两种效应进行了分离，其利用美国的数据研究表明后一种效应占主导，因而住房投资会使得美国家庭减少风险资产持有。

（2）劳动收入

对于大多数家庭而言，劳动收入来源于人力资本，而人力资本很难予以交易和保险，因而是家庭背景风险的重要来源（Guiso 和 Sodini，2013）。博迪等（Bodie 等，1992）基于生命周期模型研究了劳动供给与投资者的资产选择之间的关系，他们的研究表明，劳动供给的弹性较大，个体需要同时在劳动供给、投资和消费等三个方面作出决策，劳动供给和投资具有密切的联系，个人可以通过改变劳动供给以应对不利的投资结果，这使其能够承受较高的金融资产选择风险。希顿和卢卡斯（1997）基于劳动收入风险情况下，并考虑市场摩擦和习惯养成因素后，提出了一个投资组合选择的理论模型，认为投资者应当将其所有的储蓄都配置到股票等风险金融资产中。库（Koo，1998）也进行了相同的分析，他们的结论表明较高的劳动收入风险，会使得家庭持有更多的储蓄，而减少股票投资。一般而言，生命周期模型在金融资产选择行为的解释方面要优于无限期模型，科克等（2005）提出的模型认为劳动收入与无风险资产是相互替代的，因而劳动收入高的投资者风险资产的选择意愿更强。

理论模型分析表明，劳动收入风险与风险资产选择存在负的相关关系，多数实证研究也验证了这一结论。吉索等（1996）利用意大利的相关数据对收入风险与风险资产投资行为的关系进行了分析，结果表明收入风险会降低家庭的风险投资比例。贝尔托（Bertaut，1998）利用1983—1989年SCF数据分析了美国家庭的股市参与行为，结果表明劳动收入风险高的家庭参与股票市场的概率更低。重要原因在于总收入增长波动较大的家庭风险厌恶程度更高（Guiso 和 Paiella，2008）。卡达克和威尔金斯（Cardak 和 Wilkins，2009）、何兴强等（2009）、张兵和赵雪蕊（2015）分别基于澳大利亚和中国的实证分析也得出了相似的结论。洪等（Hong 等，2009）则以我国台湾的数据专门研究了上市公司的员工股票投资状况，发现由于收入的波动性，他们投资股票的可能性较低。贝特迈尔等（Betermier 等，2012）研究了工作的变换与风险资产投资的关系，发现当家庭从收入波动低的行业转移到波动高的行业后，其风险资产持有比例将会下降35%以上。

但也有研究结论与上述研究不一致，阿莱西等（Alessie 等，2004）对荷兰家庭的研究发现收入变化的风险对其风险资产投资影响并不显著。阿伦德尔和马森（Arrondel 和 Masson，2002）研究更是得出了收入风险与法国家庭风险资产投资正相关的结论。马萨和西莫诺夫（Massa 和 Simonov，2006）发现收入风险与风险资产超额收益正相关的家庭股票投资比例更高，原因可能是他们倾向于投资自己熟悉的股票。家庭收入变动可能是持久的，也可能是暂时的，由此收入风险也可以分为持久风险和暂时风险，安格尔和拉姆（Angerer 和 Lam，2009）在这一划分基础上分别研究了两类风险与家庭风险资产投资的关系，结果表明前者会降低家庭的风险投资，后者则没有显著影响。

（3）健康状况

居民的身体状况可能也会影响到其风险资产的选择。首先，身体状况会影响到居民的劳动收入，使其面临更大的收入风险，进而会影响其风险投资。其次，健康状况差的居民生命周期可能较短，因而在资产选择中倾向于较为安全的资产。此外，健康风险会影响到居民的医疗支出，从而也会影响到家庭的投资决策。因此，身体状况与风险投资成正比，多数学者的研究都证明了这一结论（Edwards，2010；Rosen 和 Wu，2005）。

卡达克和威尔金斯（2009）利用澳大利亚 HILDA 数据区分样本进行了分析，结果表明有工作的居民健康状况与风险资产投资存在显著的负相关。刘潇等（2014）使用 2012 年度中国居民与机构公共卫生行为跟踪调查（CBPHS）数据，研究了我国居民健康对其投资风险偏好的影响，结果表明健康状况更好的个体更倾向于选择风险性金融资产。雷晓燕和周月刚（2010）研究则发现，健康状况对于风险资产投资的影响，在城市居民和农村居民中存在差别，健康状况变差会减少居民的金融资产，尤其是风险资产的持有，这一结论主要适用于城市居民，在农村并不明显。

但也有学者持不同的观点，伯克维茨和邱（Berkowitz 和 Qiu，2006）认为健康状况与金融资产选择并没有直接的关系，范和赵（Fan 和 Zhao，2009）的研究则表明居民健康状况出现问题后将资产由风险资产转移到其他资产，金融资产比例不会发生变化。吴卫星等（2011）则认为投资者的健康状况对其风险市场的参与意愿没有显著影响，但与其风险资产持有比例存在显著的关联。

身体状况对于家庭金融资产尤其是风险资产投资可能具有负的影响，而居民的健康保险和医疗保险则可以提供相应的保障，从而缓解这一影响

（何兴强和史卫，2014），何兴强等（2009）的研究表明享受医疗保险的家庭进行风险投资的可能性相对较高，享受社会养老保险的家庭同样如此（宗庆庆等，2015）。

（4）创业者风险

根据传统经济学理论观点，家庭的风险偏好随着其财富的增加而减少，因此富有的家庭似乎应该持有更多的风险资产。然而现实中，富裕的家庭储蓄率更高（Carroll，2000；Dynan等，2004；Gentry和Hubbard，2000；Huggett，1996；Quadrini，1999）。原因可能在于富裕的家庭许多都拥有私人的企业，使这些家庭在企业经营中会面临较大的营业收入风险，因而在家庭金融资产选择时，他们必须要考虑这一风险，即创业者风险。

金特里和哈伯德（Gentry和Hubbard，1998）分析了私人企业主的储蓄和投资行为，认为出于融资考虑，他们要积累更多的财富。希顿和卢卡斯（Heaton和Lucas，2000）认为对于企业的投资本身就是一项风险活动，因而与股票投资之间具有替代效应，对于拥有私人企业的家庭而言，需要持有较为安全的金融资产对冲企业投资的风险。施姆恩和法伊格（Shum和Faig，2006）也持有同样的观点，他们认为，由于安全的金融资产能够带来稳定的现金流，能够保证企业资金链的稳定，因此拥有私人企业的家庭倾向于持有更为安全的金融资产。

对于创业者风险的分析可以进一步扩展到员工持股的分析，由于员工持股计划（ESOP），许多企业的员工都持有本公司的股票，从而也会产生背景风险，使得他们不愿意再投资于其他公司股票以及其他风险资产（Heaton和Lucas，2000）。

3. 借贷约束

家庭金融资产选择还会受到借贷约束的影响，因为家庭信贷的可获得性会限制其转移风险的能力，从而影响家庭风险偏好，进而影响其金融资产选择（Gollier，2006）。帕克森（Paxson，1990）探讨了借贷约束与消费者资产选择的关系，他认为消费者可以通过持有流动性的资产来避免外生的借贷约束，当借贷约束是内生时，消费者可以减持流动性资产来降低其受到借贷约束的可能性。库（1998）认为家庭金融资产选择会受到流动性的影响，当家庭面临流动性约束时，通常会减少风险资产的持有，而当家庭流动性缺乏时，可以通过借贷缓解流动性，但如果存在借贷约束，家庭的流动性得不到满足，可能会减持风险资产，因此面临借贷约束的家庭风险资产持有比例较低。格罗斯曼和维拉（Grossman 和 Vila，1992）认为借贷约束的家庭风险厌恶程度更高。家庭的投资和消费可能与当前的借贷约束关系不大，但其预期的借贷约束会降低其风险资产持有比例（Guiso 等，1996）。哈利亚索和哈萨比（Haliassos 和 Hassapis，1998）将信贷约束分为抵押品型和收入型，并分别研究了二者对于家庭资产选择的影响。康斯坦丁尼德斯等（Constantinides 等，2002）的研究则表明借款约束对于年轻人的股票投资具有明显的抑制作用，因为他们积累的财富相对较少。科克等（2005）也得出了相似的结论，他们的生命周期模型表明投资者在年轻时受到内生性借贷约束的影响较大，其净财富为负，因而不太可能投资股票。国内学者的研究也表明，借贷约束整体上会导致家庭资产尤其是风险资产投资的下降（尹志超等，2015；黄倩和尹志超，2015；段军山和崔蒙雪，2016；吕学梁和吴卫星，2017）。

4. 人口统计特征

家庭投资的风险偏好与其人口统计特征有着密切的联系，这进而会影响家庭的资产选择，这些特征包括性别、年龄、教育程度等。许多学者利用实验或调查数据研究表明，女性的风险厌恶程度要高于男性（Powell 和 Ansic，1997；Fehr－Duda 等，2006；Dohmen 等，2011）。

投资者的教育程度对其资产选择具有重要的影响，教育程度高的投资者其风险承担意愿更高（Vissing－Jorgensen，2002；Calvet 等，2007），风险投资倾向和投资效率也更高（Badarinza 等，2015），因为教育程度与投资者获取并处理信息的能力、金融素养有关（Guiso 等，2002）。教育程度高的家庭，专业知识水平和投资经验较为丰富（何兴强等，2009），而专业知识的缺乏和知觉错误会抑制家庭的股票投资，教育和信息的获取有助于克服这一障碍（Haliassos 和 Bertaut，1995）。不同层次的教育对于家庭资产选择可能不同，卡尔韦和索迪尼（Calvet 和 Sodini，2014）利用瑞典双胞胎数据的研究发现普通教育与家庭的风险资产选择没有直接的因果关系，其影响反映在基因和背景风险中。

年龄对于家庭金融资产选择也具有重要影响，年龄大的投资者风险厌恶程度更高（Barsky 等，1997；Dohmen 等，2011；Guiso 和 Paiella，2008），而且相对于年轻的投资者他们生命周期更短，人力资本更少（Bodie 等，1992；Campbell 和 Viceira，2002），因而其风险资产持有比例相对更低。但也有学者持不同观点，阿梅里克斯和扎尔迪斯（Ameriks 和 Zeldes，2005）研究表明股票占家庭流动资产的比例并不会随年龄增加而下降。施姆恩和法伊格（2006）、何兴强等（2009）分别基于美国和中国的数据研究表明年龄对家庭持股比例呈倒 U 形。而卡达克和威尔金斯（2009）基于澳大利亚的数据研究则发现澳大利亚居民股市参与度随年龄增长而增加。史代敏和宋艳（2005）对我国居民的金融资产选择的影响因素进行了分析，研究发现中年人（36—45 岁）股票投资比例要低，她们认为这是由于这一年龄段的居民工作压力更大，而且要把更多的精力和资金投入到孩子教育中，因而没有时间和资金参与股票市场。

与年龄相同但又有区别的另一个变量是时间，生命周期模型表明家庭应该随着时间变化调整自己的投资组合（Cocco 等，2005），但也有研究发现，家庭在投资时存在某种惰性，其最初的选择对于其金融资产选择具有较长时间的影响，因而他们很少调整自己的资产组合（Agnew 等，2003；Ameriks 和 Zeldes，2004；Choi 等，2004）。布伦纳迈尔和纳格尔（Brunner-meier 和 Nagel，2008）认为资本的收益和损失也可能是导致家庭很少调整自己资产组合的原因。比利亚斯等（Bilias 等，2010）则认为这与家庭的异质特征有关。

除上述特征外，影响家庭金融资产选择的其他特征还包括婚姻状况、家庭规模、职业等（Guiso 和 Paiella，2004；Campbell，2006）。

5. 金融知识

家庭的金融决策是一个复杂的过程，需要花大量的时间和精力去搜寻做决策所需要的信息，并进行分析，在信息筛选和分析的过程中，金融知识具有重要作用。通常来说，金融知识低的家庭风险市场参与概率较低（Van Rooij 等，2011），也不太可能做退休规划，而金融知识水平高的居民投资更容易获得成功（Lusardi 和 Mitchelli，2007），其风险市场参与概率以及风险资产持有比例也相对较高（尹志超等，2014）。克里斯蒂安森等（Christiansen 等，2008）运用丹麦数据研究表明，相对于其他投资者，经济学家更有可能参与股市，原因在于他们接受过专业的金融知识教育。高德克尔（Gaudecker，2015）的研究则表明金融知识高的或者接受专业的建议的家庭可以获得可观的投资收益，而如果家庭既没有相应的金融知识，也不寻求外部的建议和帮助，将可能面临较大的损失。曾志耕等（2015）研究了金融知识与我国家庭投资组合多样性的关系，发现金融知识水平越高的家庭，越倾向于投资更多的金融产品。

6. 认知能力

现实中，家庭投资决策往往是次优的，甚至是错误的，其中一个重要的原因可能是家庭认知能力的不同和限制。因为，如同金融知识一样，家庭居民的认知能力对于其信息的搜集、整理和分析能力具有决定性的影响，从而也会影响家庭的投资决策。例如，在贷款决策中，由于认知能力的限制，许多消费者可能会高估自己的还款能力或者不懂得将月利率转换为年利率（Bertrand 和 Morse，2011）。研究表明，认知能力与个人的风险偏好有密切的关联（Frederick，2005；Benjamin，2013），因而会影响家庭的投资决策。科尔和萨斯里（Cole 和 Shastry，2009）将认知能力分为天生和后天获得两部分，利用美国人口普查数据研究了其与金融市场参与的关系，结果表明认知能力高的家庭金融市场的参与率相应较高，持有的金融资产比例较高。阿加瓦尔和马祖姆德（Agarwal 和 Mazumder，2011）利用美国军人军队职业倾向测验（ASVAB）数据衡量其认知能力，分析了认知能力与家庭金融行为的关系，结果表明认知能力尤其是数学能力高的消费者，作出错误金融决策的可能性更小。智商（IQ）是衡量个人认知能力的常用指标，多门等（Dohmen 等，2010）运用德国的数据研究发现 IQ 高的个人风险厌恶更低，博尚等（Beauchamp 等，2011）利用瑞典双胞胎数据也得出了同样的结论。格林布拉特等（Grinblatt 等，2011）研究了 IQ 与股市参与的关系，发现 IQ 高的投资者基金和股票持有比例更高，且风险损失更小，收益更高，这与卡尔韦等（Calvet 等，2007）的结论基本一致。

国内方面，吴卫星等（2012）根据家庭户主对市场了解程度的自我评价以及能力水平感受构建指标，发现户主的主观能力感受与家庭的风险市场参与正相关。孟亦佳（2014）从字词识记能力和数学能力两个维度衡量认知能力，研究了我国城市家庭的资产选择行为，结果发现认知能力高的家庭金融市场参与概率以及风险资产配置比例相对较高。叶德珠和周丽燕（2015）则将幸福满意度作为一种对生活的综合认知和态度衡量指标，研究了其与金融资产选择的关系，结果发现幸福满意度与风险资产持有显著负相关、与参与股票交易显著负相关。

综上所述，认知能力一方面可以影响投资者的风险偏好，另一方面会影响投资者的学习以及对信息的获取和分析能力，从而对其金融资产选择具有显著的影响。

7. 社会互动和信任

信息对于家庭投资决策具有决定性的作用，信息渠道不畅，信息不对称是制约家庭参与风险金融产品市场的重要因素。人与人之间的交往，相互之间的信任是传递和交流信息、消除信息摩擦的重要方式，因而对于家庭的金融资产选择具有重要的影响。洪等（Hong 等，2004）在家庭股市参与的研究中引入社会互动因素，结果表明随着互动程度的提高，家庭参与股市的概率也随之上升。李涛（2006a）也得出了类似的结论，并且对于低学历的居民，社会互动的促进效果更为明显。考斯蒂亚和克吕普菲尔

（Kaustia 和 Knüpfer，2012）研究表明，家庭的股市决策会受到与之交往的其他人股票收益的影响，但这种影响是不对称的，家庭可能因为他人在股市获得正的收益而进入股市，但不会因为负的收益而退出股市。原因可能是在交往中，人们往往都诉说自己光辉的事迹，而不愿意分享自己不光彩的历史（Angrist，2014）。社会互动影响家庭股市参与的重要渠道是信息的传递，而网络也是重要的信息渠道，郭士祺和梁平汉（2014）结合这两种渠道进行研究，结果表明它们都能够推动家庭的股市参与，并且存在一定的替代关系。社会互动体现了家庭的社会关系，对此朱光伟等（2014）从社会关系角度研究了我国家庭的股市参与，研究表明社会关系对于家庭股市参与具有促进作用。

根据传统的投资组合理论，家庭选择风险资产的目的是为了获得超额的收益，然而如果投资者不相信他们能够从股票等金融资产投资中获得相应的收益，他们就不会投资于风险资产，即使交易成本为零。因此信任对于家庭金融资产选择具有重要影响，信任程度高的家庭股市参与可能性及股票投资比例相对较高（李涛，2006b；Guiso 等，2008），这可以解释许多家庭投资中存在的现象，包括许多家庭不愿意投资风险资产（Calvet 等，2009）、家庭风险资产选择与财富的不相关、不同国家家庭风险资产选择的差别（Georgarakos 和 Pasini，2009）。赫德等（Hurd 等，2009）、科兹迪和威利斯（Kézdi 和 Willis，2009）则发现对于股市持乐观态度的投资者更有可能参与股票投资。

8. 其他因素

遗传因素对于个体的风险偏好和投资决策也具有重要的影响，对于该问题的研究多是基于反映双胞胎行为的数据进行的，切萨里尼等（Cesarini 等，2009）通过实验研究表明大约30%的风险厌恶程度的差异是由于遗传因素引起的，而环境的影响很小。利用瑞典双胞胎数据，切萨里尼等（2010）进一步从遗传角度解释了家庭金融资产选择的差别。巴尼亚等（Barnea 等，2010）的研究则表明投资者股市参与和资产配置行为的差异有

1/3 是由于遗传因素引起的，家庭环境虽然也对年轻人的行为具有一定影响，但这种影响是不可持续的并会逐渐消失。

投资者过去的经历也会影响其风险偏好和资产选择行为，考斯蒂亚和克吕普菲尔（2008）根据芬兰数据的研究发现成功的投资经历对家庭以后的股票投资具有激励作用。马尔门迪埃和纳格尔（Malmendier 和 Nagel，2011）利用 1964—2004 年美国消费者金融调查（SCF）数据研究发现，经历过熊市的家庭风险承担意愿较低，且股市参与可能性和股票持有比例较低。法格伦等（Fagereng 等，2011）基于挪威的研究也得出了类似的结论，他们发现如果投资者在印象深刻的年轻时（18—23 岁）经历过较多的宏观经济不确定性冲击，那么其股票投资比例就会偏低。

此外，家庭文化背景对其资产选择行为也具有一定的影响，哈利亚索等（2016）利用瑞典 LINDA 数据研究了文化背景对于金融行为的影响，结果发现，不同文化背景的投资者投资行为存在显著的差别。

二、金融资产配置对消费的影响效应

金融资产配置具有重要的财富效应，能够影响家庭的消费支出，许多学者对此进行了细致的研究，主要包括如下方面。

一是对股市财富效应的宏观分析，即通过分析股市波动与消费的关系来对其财富效应进行验证。股市是反映经济增长的"晴雨表"，许多国家的股票市场都具有重要的财富效应，并存在一定的差别（Bertaut，2002）。布恩等（Boone 等，1998）、戴维斯和帕伦博（Davis 和 Palumbo，2001）通过对美国及其他部分经济合作与发展组织（OECD）国家的对比研究发现，美国股市的财富效应较为明显，大概在 4%—7% 之间，其他国家的财富效应相对较弱。冯克（Funke，2004）对新兴市场经济国家进行了研究，发现这些国家的股市财富效应较小，股票市场上涨 1%，消费仅增加 0.02%—0.04%。也有部分学者研究发现，股票市场对于家庭消费的影响并不显著，即使存在一定的影响，也是不稳定的，不会持久存在（Ludvigson 和 Steindel，1999）。

随着我国股票市场的不断发展完善，其财富效应问题也得到了越来越多国内学者的重视和研究，部分研究表明我国股市财富效应较弱（李振明，2001；骆祚炎，2004；郭峰等，2005），李学峰和徐辉（2003）认为这是由于我国上市公司质量较低造成的。也有部分学者认为我国股市不存在明显的财富效应（唐绍祥等，2008），甚至在某些时段还对消费具有一定的替代效应（毛定祥，2004；杨新松，2006），陈强和叶阿忠（2009）认为股市的财富效应与股票收益波动有关，而替代效应的出现正是由于我国股市在这段时期长期处于低迷状态导致的，周等（Zhou 等，2013）则认为这和股票投资挤占了家庭用于消费的资金以及我国股市的高波动性和投机性有关。股市不仅具有财富效应，而且还具有信号传递效应（Poterba 和 Samwick，1995；Jansen 和 Nahuis，2003），能够影响消费者的信心，胡永刚和郭长林（2012）研究发现，如果同时考虑这两种效应，则我国股市对于城镇居民消费具有较为显著的影响。

二是金融资产选择和配置状况对于消费影响的研究。家庭是否持有金融资产，以及金融资产配置水平与其消费支出有着密切的关系，曼昆和扎尔迪斯（Mankiw 和 Zeldes，1990）认为持有股票的家庭与未持有股票的家庭之间消费行为存在明显的差别，戴南和梅基（Dynan 和 Maki，2001）的研究进一步验证了这一观点。对于持有金融资产的居民和家庭而言，金融资产价值上涨，使得家庭财富增加，从而增加家庭的支出预算和消费意愿，刺激家庭消费（Grant 和 Peltonen，2008）。此外，家庭配置金融资产具有一定的预防性动机，由此会对于储蓄产生替代效应，降低其边际储蓄倾向，进而提高边际消费倾向（Gan，2010）。本杰明等（Benjamin 等，2004）对美国的研究表明，金融资产增加 1 美元将会使消费增加 2 美分。哈里发等（Khalifa 等，2011）基于美国收入动态追踪调查数据研究了家庭股票资产和住房资产对于消费的影响，结果表明股票的财富效应与家庭收入有关，当家庭收入超过 130800 美元时，这一效应才显著，原因可能在于股票投资更多发生在高收入家庭。其他学者的研究也表明，金融资产对于家庭消费支出具有重要的影响，而从其与住房资产效应的比较来看，凯斯等（Case 等，2005）、博斯蒂克等（Bostic 等，2009）认为住房资产的财富效应更大，而德沃纳克和科勒（Dvornak 和 Kohle，2007）和索萨（Sousa，2009）的研究则表明金融资产的财富效应要大于住房。

上述研究既有基于国家或地区经济数据的宏观分析，也有利用家庭调查数据的微观研究。但由于利用宏观数据进行分析不能有效控制影响家庭消费的其他因素，从而无法准确识别家庭消费的变化是否由财富变动引起（Paiella，2009；Carroll 等，2011），近年来，许多学者在研究中越来越倾向于利用家庭微观数据。

国内方面，较早的研究多侧重于从宏观角度进行分析，如骆祚炎（2007）利用 1985—2006 年我国居民的人均数据比较研究了金融资产和住房对于消费的影响，结果表明后者影响更大。田青（2011）研究了不同类型的金融资产与消费的关系，结果表明金融资产对于当期消费具有挤出效应，这主要是由于储蓄和购买股票导致的，保险债券等对消费影响并不显著。陈志英（2012）利用中国人民银行发布的住户部门金融资产年度数据研究则表明现金、存款和股票等金融资产对于消费的影响并不显著，债券、保险则对消费具有负的影响。

近年来，随着多种有关家庭调查数据的发布，微观层面的国内研究日渐增加。张大永和曹红（2012）基于 2011 年中国家庭金融调查（CHFS）数据研究发现，无风险资产和风险资产对消费的影响存在差异，前者对非耐用品消费的影响较大，而后者对耐用品消费的影响较大。解垩（2012）根据中国健康与养老追踪调查（CHARLS）数据的研究表明，金融资产对于家庭消费具有一定的影响，但消费弹性比房产的消费弹性要小。李波（2015）认为家庭持有风险金融资产对于消费支出具有财富效应和风险效应两种影响，其中财富效应为正，风险效应为负，随着家庭金融资产的持有权重的提高，财富的边际消费倾向增加。

三、金融排斥的概念及中国农村金融排斥研究

（一）金融排斥的概念

金融排斥最早是由英国金融地理学家莱森和斯里夫特（Leyshon 和 Thrift，1993）提出的，他们发现金融机构的竞争和逐利动机使得它们大量关闭在贫困地区、城市郊区和农村地区的营业网点，使得这些地区的居民无法获得相应的金融服务，他们将这一现象称为金融排斥（Financial Exclusion）。

这一概念提出后，逐渐得到了学者和机构的关注和研究。凯普森和怀利（Kempson 和 Whyley，1999）对此进行了拓展，认为金融排斥是一个动态的多维度的概念，包括地理排斥、可及性排斥、条件排斥、价格排斥、营销排斥和自我排斥六个维度。林克（Link，2004）在此基础上进一步做了延伸，它们从金融产品和服务的需求者和使用者角度，认为不仅无法获得金融产品和服务的人群面临金融排斥，即使有些人群有能力获得和使用金融产品及服务，但却不能作出正确的选择，这也是一种金融排斥。

根据这一概念，金融排斥不仅体现在金融产品和服务的可获得性，也体现在其使用方面。延续这一分析，德米格－昆特等（Demirguc－Kunt 等，2008）将金融排斥分为主动性排斥和被动性排斥，主动性排斥指某些群体由于不具备金融知识，无法获得金融信息和指导，因而对于金融产品与服务没有需求，从而被排斥在金融服务之外。被动性排斥则指，虽然被排斥群体对于金融产品和服务有需求的意愿，但金融机构的服务没有覆盖这些群体，因此其被排斥在外。除了分析个人和家庭面临的金融排斥外，他们将金融排斥的研究扩展到了企业层面。

结合当前学者的观点和分析，我们认为，金融排斥指一定时期内，在

一个国家或地区内部,部分群体难以通过金融产品与服务的消费和使用来满足自身的金融需求、改善自身状况和福利的一种现象。对于这一概念的理解和把握,必须明确如下几个问题。

第一,金融排斥是一个动态的概念。其动态的含义有两个,一是从国家和地区角度来理解,随着经济的发展、金融市场的完善,导致金融排斥的各种因素逐渐减少,其金融排斥状况将会随之发生动态变化,变化的总体趋势通常是下降的;二是从金融产品和服务角度来理解,随着金融创新的日益增强,不断会有新的金融产品和服务涌现,随之也会伴随着出现新的排斥,由此使得金融排斥的概念范围和外延也在扩大。

第二,从金融排斥的表现来看,金融排斥的界定离不开需求角度的分析,通常意义上的金融排斥只考虑那些有实际金融需求的经济主体,当他们的需求得不到满足时,就认为构成了金融排斥,而无需求者不存在金融排斥。我们则认为,金融排斥的表现主要有两种情况:第一种情况是针对于有实际金融需求者,金融机构出于某些原因而有意识地忽视了某些群体的金融需求,从而将这部分群体排斥在金融服务之外,由此使得他们的金融需求得不到满足。第二种情况是金融排斥不仅要考虑实际金融需求,也要分析潜在的金融需求,对于没有实际金融需求的经济主体,如果他们有潜在的金融需求,但由于某些因素制约,如自身不具有相应的金融知识和能力,对于有关信息不了解,因而没有转化为实际的金融需求,这也是一种金融排斥。

第三,从供给主体方面,金融排斥主要针对于正规金融机构和金融体系提供的金融产品和服务不能满足经济主体的金融需求,非正规金融机构和金融体系具有地缘性和人缘性,其提供的金融产品和服务覆盖范围有限,因而当它们不能满足个体的金融需求时,不能算作金融排斥。

第四,从内容角度,金融排斥中的金融产品和服务可以分为四部分:一是支付结算服务,用于满足经济主体在商品和劳务交易中产生的债权和债务清偿需要;二是信贷服务,用于满足经济主体在生产经营或消费时面临的资金需求；三是保险服务，用于满足经济主体对人身、财产、疾病等方面的风险进行保障的需要；四是金融资产配置即理财服务，包括存款、股票、债券、信托理财产品、金融衍生品等金融产品及相关的服务，用于满足经济主体的投资和资产的保值增值需要。而本书主要研究的是家庭在金融资产选择方面面临的金融排斥。

第五，从排斥的主体看，早期金融排斥概念主要针对于居民而言，而现实中，不仅是居民个人或家庭在使用金融产品和服务时面临排斥，企业尤其是中小企业也会受到金融排斥，而对企业层面金融排斥的研究主要集中于贷款方面，居民个人或家庭金融排斥中考虑的金融服务种类则更为多样。而我们的这一概念延续了早期金融排斥的研究，主要针对于居民家庭。

（二）我国农村金融排斥

作为一个发展中国家，我国的经济发展水平同发达国家还有较大差距，金融市场尚未成熟和完善，因而金融排斥问题更为普遍，其中在农村地区尤为严重。农村金融排斥问题已经成为我国农村和农业发展中面临的突出问题，并得到了国内许多学者的关注和研究。当前，国内对于农村金融排斥的研究，主要集中于以下几个方面。

1. 农村金融排斥的测量

对于这一问题研究较早的是许圣道和田霖（2008），他们选择获取贷款农户比例、农业贷款占各项贷款余额比例、农村金融机构网点分布数量三个指标，分别从这三个方面对我国农村金融排斥状况进行了分析，结果发现甚至在发达省份的农村地区也存在较为严重的金融排斥问题。谭露（2009、2010）则从金融机构存量、金融机构平均覆盖人口数、服务地域范围、主要金融机构的贷款额、居民的人均储蓄额、金融贡献率等几个方面对我国农村金融排斥状况进行了分析。王修华和邱兆祥（2010）则选择金融网点分布密度、获取农户贷款比例、农村金融机构存贷比、农村贷款利率水平、万人拥有金融机构及服务人员数、经济主体心理和风俗习惯等构建了一套农村金融排斥评价指标体系。胡振等（2015）则从网点和人员、存款、贷款等三个维度提出了包含万人机构覆盖度、万人拥有服务人员数、百元 GDP 贷款贡献率、人均贷款水平、存款资源运用水平、人均储蓄存款、获得贷款企业占比、获得贷款农户占比等八个指标的评价体系，并以吉林省为例采用灰色聚类和关联度分析，对其县域农村金融排斥状况进行了评价。

除对于农村金融排斥整体状况进行分析外，农村金融排斥的区域差异问题也是研究的重要内容。王修华等（2009）重点考察了中部地区的农村金融排斥状况，高沛星和王修华（2011）选择农村地区万人机构覆盖度、人均贷款水平、获得银行业机构贷款农户占比、农村地区万人拥有服务人员数等指标计算农村金融排斥指数对我国各地区的农村金融排斥状况进行了评价，并对区域差异进行了分析。鲁强（2014）则从农村经济环境、金融环境、制度环境和社会文化环境等方面构建农村金融排斥生态环境评价指标体系，分析了各省份的农村金融排斥状况。认为我国农村金融排斥地区差异较大，排斥程度最低的为西部，平均为 0.59；中部最高，平均为 0.8；东部居中，总体平均指数为 0.34—0.82，表现出很大的省域差异。

从当前研究看，对于农村金融排斥状况的测量，主要是从金融地理学角度，将金融机构及其人员分布状况作为主要的评价指标，缺乏从农村居民需求角度的考察；在金融产品和服务方面，只考虑了存款和贷款，没有考虑支付、转账、保险、投资等其他金融服务。

2. 农村金融排斥的影响

农村金融发展，以及农村家庭金融服务的获得是优化农村资源配置，解决我国"三农"问题的关键。而农村金融排斥抑制了农村金融深化发展，不利于城乡差距的缩小和城乡一体化发展，也制约了我国城镇化发展水平的提高。对于农村金融排斥的负面影响，许多学者进行了研究。

王修华等（2009）认为农村金融排斥会使得农村地区大量资金脱离，加剧城乡二元差距，还会引起社会排斥问题。此外，农村金融排斥制约了农业发展和农村居民收入的提高，这反过来又导致金融机构越来越"惜贷"，加剧农村金融排斥，从而使农村金融和经济发展进入了一个恶性循环（王修华，2009）。

农村金融发展对于农民收入的提高具有显著的促进作用（余新平等，2010），而农村金融排斥则制约着农民收入的增长，从而会加剧城乡居民的收入差距。田杰和陶建平（2011）基于 1578 个县市的面板数据研究表明，从全国来看，农村金融排斥会扩大城乡收入差距。刘长庚等（2013）利用省级数据，分别研究了条件排斥、地理排斥、营销排斥和价格排斥对城乡收入差距的影响，结果表明农村金融排斥对城乡收入差距的解释力度达到了 26%，其中条件排斥、地理排斥、营销排斥会导致城乡收入差距的扩大，价格排斥却会导致差距的缩小。封思贤和王伟（2014）也得出了类似的结论，他们还发现农村金融排斥对城乡收入差距的影响机制在各地区存在一定的差异。黄潇（2014）分析了贷款、储蓄、证券和关系四类金融排斥对中国农户收入的影响。结果发现，这几类金融排斥对农户收入的影响存在差别，且不同地区影响也有所区别。薛宝贵和何炼成（2016）认为市场竞争使得资本要素由农村向城市聚集，农户存款难以转换为贷款，从而导致农村地区的金融排斥，进而促进了城乡收入差距的扩大。

综上所述，从农村金融排斥对农村经济和城乡差距的影响看，当前研究也主要是从贷款方面对其影响机制和后果进行分析，在农村金融排斥变量选择方面，也主要是采用农村金融排斥测度中的指标。研究结果都表明农村金融排斥整体上会导致城乡差距的扩大。

3. 农村金融排斥的成因

农村金融排斥形成的根本原因如何？这是解决这一问题的关键。周立（2007）从市场失灵和政府失灵角度进行了分析，他认为农村金融市场存在严重的信息不对称、农村家庭没有合格的抵押品，由此导致主流金融机构金融供给不足，出现市场失灵。在这种情况下，就需要政府介入，政府以正式金融制度取代非正式金融制度，进一步恶化农村金融环境，从而导致政府失灵。这两大"失灵"使得农村资金逐渐非农化。谭露（2009）认为金融机构供给偏好受到成本、预期收益和风险系数的约束，由于农村金融服务的供给成本较高，预期收益低，且风险较大，因此金融机构在目标市场选择中偏向城市，忽视农村地区。祝英丽等（2010）认为宏观政策的放宽、银行业制度变迁和银行现代企业制度的建立，是导致金融排斥的直接原因。黄明（2010）认为我国农村金融排斥形成的主要原因包括农业生产的脆弱性、农村恶劣的金融生态环境、严重的社会排斥和农民金融知识与信息的缺乏。谢丽华（2012）认为高昂的交易费用、金融伦理的缺失、金融制度的缺陷是形成农村金融价格排斥、条件排斥和地理排斥的主要原因。邓旭峰和邱俊杰（2013）认为农村金融排斥由于供给不足导致，同时也抑制了农村的金融需求，又会加剧这一排斥。戴文彤（2014）认为农村经济薄弱、教育水平和地理特征、城乡差距扩大是形成农村金融排斥的原因。

上述研究表明，农村金融排斥的形成是多种经济和社会问题共同作用的结果，其中既有金融机构对农村金融服务供给的动力和意愿方面的问题，也有农村经济和农业生产落后以及农村居民自身的需求问题，而这两方面又是相互联系、相互交织的。农村经济的落后和农村居民的金融需求抑制使得金融机构不愿意增加对农村金融服务的供给，而这又进一步恶化了农村经济发展的金融环境，阻碍了农村经济和社会发展水平的提高，以及农民收入和教育水平、金融素养的提高，从而形成恶性循环。

4. 农村信贷约束

在农村家庭面临的具体的金融服务排斥中，学术界和政府最为关注的是农村居民的贷款可得性问题，即农村的信贷约束。农村信贷约束指信贷实际获得数额不能满足需求方所需要贷款的一种情形（马九杰等，2010），是农村金融排斥的一种具体情形。农村家庭信贷资金来源于正规和非正规信贷市场，前者主要指农村信用社等正规金融机构，后者则包括私人借贷、亲友借贷等，无论在正规市场还是非正规市场，农村家庭都面临不同程度的信贷约束。

对于农村信贷约束的研究要早于金融排斥，曹力群（2001）、史清华和陈凯（2002）研究表明农村家庭从正规信贷市场获取贷款存在很大的困难。张春超（2007）基于山东省农村的调查发现，农户贷款覆盖面偏低，而农户潜在的贷款需求较大，申请贷款未获审批的农户占比较高。吴典军和张晓涛（2008）认为无论是正规还是非正规信贷，二者对农村家庭的资金供给都比较少，农户既面临正规信贷约束，也面临非正规信贷约束。肖华芳和包晓（2011）通过对湖北省农村小微企业进行调查，发现有贷款需求的农民创业者获得正规金融机构贷款的不到60%。

从农村信贷约束的原因来看，朱喜和李子奈（2006）认为政府干预和信息不对称是造成农村信贷配给的重要原因。胡士华和李伟毅（2006）认为受农业弱质性、实际财产分布及产权交易市场不健全条件的制约，农村居民在贷款中难以满足抵押担保的要求，从而加剧了农村信贷约束。曾庆芬和马胜（2008）认为农村信贷约束的本质是二元经济结构下的市场失灵，即农业部门和非农业部门的资本、劳动力等要素价格差异导致的农业部门在吸纳资金方面存在弱势。程郁等（2009）认为金融机构的信贷配给是导致农村信贷约束的根本原因，信贷配给的结果使得农村家庭的金融需求也受到压抑，进而产生需求型信贷约束。钟春平等（2010）则认为农村信贷约束产生的主要原因在于农户自身的贷款需求不足，而农户收入较低和投资机会较少是导致农户信贷需求不足的主要原因。

综上所述，农村信贷约束是我国农村金融排斥的重要表现，而这一现象产生的原因包括供给和需求两个方面。供给方面在于农村正规金融机构利率扭曲、信用工具不足、交易成本过高、信贷配给严重。需求方面在于有借款需求的农村居民出于对风险的担心，以及认知偏差等，而不愿意去申请贷款。

5. 农村金融排斥的解决方法

如何缓解农村金融排斥，提高农村家庭金融服务的可得性，国内学者从不同方面提出了相应的政策建议。许圣道和田霖（2008）认为应当构建区域化、新型化、多元化的农村金融组织体系，并需要政府支持，加强农村金融教育。王修华（2009）认为要破解农村金融排斥，需要发展普惠金融、加强政府的引导、发展农村新型金融机构、创新农村金融产品。马九杰和沈杰（2010）也提出要发展普惠金融应对农村金融排斥，为此要加强农村金融基础设施建设、扩展抵押品范围、促进金融服务机制创新。谭露（2010）认为需要改革现有的农村金融机构体系、完善农村的信用担保体系、加快农村领域农业保险等中介机构的建设步伐。董晓林和徐虹（2012）认为解决农村金融排斥不能依赖政府干预，政府要做的是搞好金融环境建设，吸引金融机构进入。谭燕芝等（2014）认为要从根本上解决农村金融排斥，需要大力发展县域经济，积极推动新型城镇化建设。

上述学者的对策和建议绝大多数都是从金融机构、政府等外因方面提出的，例如金融服务创新、金融机构改革等，而很少涉及农村地区和农民自身内部的因素。周立（2007）认为通过政府介入，构建多层次的农村金融体系，拓宽农村融资渠道只是治标之道，治本之道在于改变农村资金利用上的高风险低利润格局。杨兆廷和连漪（2008）也认为，农村金融问题的根源在于农村内部，这一问题实质上是农村经济发展和农民增收问题。可见，农村金融排斥的解决需要从外因和内因两方面着手，但根本的解决途径在于消除农村金融排斥的内因，发展农村经济，降低农业生产的风险，增加农民收入。

四、社会资本的概念、特征及功能

（一）社会资本的概念

社会资本最早是作为社会学概念提出的，布尔迪厄（Bourdieu，1986）从社会网络角度对社会资本进行研究，认为社会资本是"实际或潜在的资源的集合"，而这些资源和社会成员拥有的社会网络具有密切的关系，这一网络可以看作是团体成员集体拥有的社会资本，它可以给网络中的各个成员提供支持。根据这一定义，社会资本存在的形式是关系网络。科尔曼（Coleman，1990）则从功能角度对其进行定义，认为社会资本包含多种维度，如义务与期望、信息网络和关系等，它们都具有两个共同的特征：一是由社会结构的某些方面组成；二是都会影响结构中个体的行为。

普特南（Putnam，1993）认为社会资本是能够通过促进合作来提高社会效率的信任、规范和网络，社会资本概念也因为他的著作而引起广泛关注。福山（Fukuyama，1995）从经济发展与社会特征方面对社会资本进行了分析，认为"社会资本是一种有助于两个或更多个体之间相互合作的非正式规范，它们往往与诚实、遵守诺言、履行义务及互惠之类的美德存在联系"，他的社会资本概念更为强调的是信任，认为信任对于经济的发展和社会的繁荣具有决定性的影响。

波茨（Portes，1998）从嵌入角度对社会资本进行分析，认为社会资本是嵌入的结果，是个体通过嵌入某一结构中获得其成员资格，进而得到从网络中获取稀缺资源的能力。林南（Lin，2002）在吸取部分学者观点的基础上，从社会资源角度对社会资本进行了定义，认为社会资本是个体通过投资于社会关系可以获取到的资源，它是嵌入在一定的社会结构之上的。这一定义表明，社会资本存在于社会网络或社会关系中，它具有增值功能，而且可以通过投资获得。

上述观点虽然对于社会资本的理解各不相同，但主要都是从社会网络、社会结构、社会规范和制度、信任等几个方面进行解释，因此，社会资本包含多种内容，对其要从多维度来分析，这些维度大体可以分为两类：一类是结构型社会资本，包括关系网络、规则、惯例等，它们相对客观和易于观测；另一类是认知型社会资本，包括规范、信任、价值观和思想观念等，这类社会资本更加主观和难以直接测量（Uphoff，1996）。

此外，社会资本按照层次可以划分为个体社会资本和集体社会资本，个体社会资本指嵌入于个体社会网络中的各项资源，它能够帮助个体目标的实现；集体社会资本则指某一组织或者团体拥有的能够帮助实现团体目标的团体社会资源，包括组织网络、关系和文化等内容，它能够促进团体的合作，提高组织的凝聚力和行动力。

我们的研究主要关注个体社会资本即家庭的社会资本，因为这一层面的社会资本对于个体的经济行为具有直接的影响，而集体社会资本更多的是影响集体行为，进而影响个体行为。由于社会资本包含多个维度，我们主要从社会网络、信任和互惠等三个方面进行分析，内容具体如表2－1所示。

表2－1　社会资本内容

分析维度	构成要素	含义	细分
结构型社会资本	社会网络	社会成员在人际交往中形成的社会关系网络	规模
			异质性
			稳定性
认知型社会资本	信任	与他人的相互信赖	个人信任
			普遍信任
	互惠	与他人的相互帮助	情感互惠
			工具互惠

社会网络是结构型社会资本，它是指由各种社会关系构成的社会结构，这些社会关系是在社会成员相互交往过程中形成的，包括亲缘关系、地缘关系、工作关系、种族信仰关系等，通过这些关系可以把社会成员组织或串联起来。在社会资本的诸多因素中，社会网络居于基础地位，正是通过网络内部成员之间的互动和长期交往才产生了社会成员之间的信任、互惠和合作，进而影响社会成员的行为。

社会网络具体又可以从网络规模、异质性和稳定性等方面进行分析，网络规模反映了社会网络的广度，体现在个体交往的社会成员的数量，数量越多，社会网络的规模越大。网络的异质性指个体拥有的社会关系的差异性，体现在与之交往的社会成员的背景特征，例如教育背景、工作背景等。稳定性则体现了个体与社会网络各节点社会成员关系的密切程度，取决于社会关系的类型和双方交往的状况，例如血缘关系形成的社会关系通常较为密切，社会网络成员之间交往越频繁，关系也越密切。

信任和互惠属于认知型社会资本，它们的形成和发展与社会网络有着密切的关系。信任指社会成员之间的相互信赖，可以分为个人信任和普遍信任（Durlauf 和 Fachamps，2005），个人信任指个体与他人在长期人际交往中形成的信任，即对所认识的人的信任；普遍信任则指个体对于社会上多数人的信任，也可以称为社会信任。互惠则指社会成员之间的相互帮助，按照形成的基础，互惠可以分为情感互惠和工具互惠，前者建立在社会成员之间的情感基础上，互惠的对象可能是社会网络中的任何成员，体现了个体之间的感情；而后者则具有较强的目的性和势利性，此类互惠的对象往往是掌握某些稀缺资源的社会成员，目的是利用这些社会成员的资源来满足自己某方面的需求。信任和互惠都产生于社会网络内部成员之间的社会交往，既可以在社会关系中得到强化，也可能削弱甚至消失。

（二）社会资本的特征

虽然学术界对于社会资本的定义没有达成共识，但从社会资本的特征来看，基本达成一致。社会资本特征具体包括以下方面。

一方面，作为资本的一种，它具有与物质资本和人力资本一样的属性：（1）可以通过积累和投资来构建和获得，例如社会成员之间的关系可以通过他们之间的人际交往形成、维持和增进，相互之间的信任也是人们长期行为的结果，而社会规范和惯例的形成和维护也需要得到社会群体成员的认同和遵守。（2）具有规模效应，即随着社会资本的积累和增加，用于维持和改善这一资本的平均投入是逐渐下降的。（3）具有生产性，即社会资本通过促进合作和互惠互利等途径，会影响微观经济主体的行为，有利于资源的优化配置，进而也推动了经济和社会的发展。对企业来说，社会资本可以促进企业的合作创新以及生产效率的提高；对于家庭而言，社会资本有助于解决家庭面临的困难，提高家庭的社会福利；而从社会整体层面，社会资本有助于创造促进经济发展的良好社会环境。

另一方面，作为资本的特殊形式，它又同物质资本和人力资本存在明显的差别，具体包括：（1）社会性，社会资本存在于社会成员之间的关系网络、相互信任、规范等社会载体中，它的产生、发展和削减都和社会群体及社会观念的发展变化有着密切联系。（2）不可转让性，社会资本是无形的，它依附于拥有者身上，并且在使用范围上具有一定的限制。（3）互惠性，社会资本的使用可以实现多方的互惠互利。（4）公共产品性质，即社会资本的使用不会导致其数量减少，同时社会资本是多方同时拥有的，可以同时使用，不会把某些成员排斥在外。（5）外部性，即个体在通过社会资本获得帮助和收益的同时，可能会对他人带来一定的影响，这种影响可能是积极的、正面的，也可能是消极的、负面的。

（三）社会资本的功能

社会资本的功能是其生产性、外部性和互惠性等特征的具体体现，社会资本之所以被广泛应用到各个研究领域，正是因为其在社会、政治和经济发展中所起到的关键作用。例如普特南（1993）发现社会资本在意大利民主社会形成中发挥了重要的作用，科尔曼（1988）发现社会资本可以促进人力资本的提高，葛鲁塔特和巴斯特勒（Grootaert 和 Bastelaer，2002）则发现社会资本有助于经济的发展和贫困的缓解。

具体来看，社会资本的功能可以从微观和宏观层面进行分析，微观层面指的是社会资本能够给社会群体中各成员带来的益处，宏观层面则指社会资本在整个经济和社会发展中所扮演的角色。

1. 微观层面

从微观层面看，社会资本可以实现经济个体之间的信息共享，协调成员之间的行动，使成员之间互惠互利，从而影响微观经济主体的行为。社会资本在微观层面的功能具体如下。

第一，信息共享，降低交易成本。由于信息的不完全，经济主体并不是总能够通过市场来获得与交易有关的详细信息，即使可以搜集到相应的信息，但可能会面临较高的信息搜寻成本。而关系网络中的成员可以通过网络中其他成员来获得高质量的信息，从而有效解决信息不对称问题，还大大提高了信息搜寻的时间，降低了搜寻成本，有助于其作出合理的决策。例如在商品购买中，如果购买者对于商品信息不了解，往往需要花费较长的时间去获取各个厂家的同类商品价格、质量、售后服务等方面的信息，而如果通过关系网络中有购买经历的成员来了解此类信息，则可以在很短时间内就会得到较为全面的商品的信息和评价。

第二，知识交换，提高决策水平。通过社会资本的关系网络，不仅可以实现与交易有关信息的共享，还可以促进知识的交换。当关系网络中的某些成员拥有他人所不具有的专业知识时，他可以通过提供咨询和建议的方式，帮助其他成员了解相关的知识，有助于他们进行相关专业领域的决策，提高决策效率和水平。

第三，协调行动，促进合作。现实中，许多问题的解决需要经济个体多方的互相协作，从而达成一致，形成集体行动。但由于机会主义和利己主义的存在，会导致各方出于自己利益受到损害的担忧，从而难以实现全面的合作，最终陷入"囚徒困境"。要解决这一问题，提高经济个体间的合作水平，需要各方之间建立深度的信任，信任是一种美德和品质，也是无形的激励和约束机制，能有效推动合作双方为实现共同目标而达成合作并降低合作的不确定性和道德风险。而信任也是社会资本的一种表现，可以通过相应的机制来形成和维系，它产生于社会成员之间的互动，并可以通过社会网络以及在小型封闭社会的各种社会制裁来维系。较高的社会资本和信任水平，有利于促进集体的行动。正如福山（1995）所认为的，社会团体中人们之间的彼此信任，蕴含着比物质资本和人力资本更大且更明显的价值；高信任的社会，组织创新的可能性更大。

第四，信用抵押。在经济交易中，由于信息不对称的存在，可能会出现逆向选择和道德风险问题，为了防范和降低其影响，交易双方往往需要提供相应的抵押品，而社会关系则可以起到抵押品的作用，能够减少交易的事前制订合同成本和事后的监督成本，从而有助于交易的达成。

第五，实现互惠，降低风险。社会资本对于家庭而言在面对意外时是一种保障，当家庭遇到困难时，人们可以进行相互帮助，从而防范和降低风险。尤其是在农村地区，农业收入受自然条件影响很大，具有较大的不确定性，而社会保障体系不健全，此时社会资本就会体现重要的价值，它可以在农民面临自然灾害等风险时，通过关系网络中成员的帮助，渡过困难，从而防范和降低风险。

2. 宏观层面

从宏观层面看，经济和社会发展离不开各种资源和要素的支撑，包括人力资源、自然资源和社会资源等，而这些资源只有通过相应的机制进行合理的配置，才能最大限度发挥其作用。在市场经济中，市场是实现这些资源优化配置的基础，但由于"市场失灵"的存在，除市场机制外，还需求其他机制作为补充。而社会资本则可以充当这一角色，它可以为发展目标的实现提供良好的保障环境，包括组织制度、政策、社会规范、价值观念和网络关系等，这些要素有助于资源的优化整合，在某些方面弥补市场的缺陷，激发经济体的发展活力，从而促进经济和社会发展。例如，在农村地区，农民拥有土地等自然资源和劳动力资源，但如果没有组织，采用传统的分散化经营方式，只会导致生产效率的低下和各种资源的浪费，而社会资本则可以将农民组织起来，交流信息，实现资源和技术共享，形成规模化经营，从而可以大大提高资源配置效率。对此，亚当和罗恩切利奇（Adam 和 Roncevic，2004）对于社会资本在发展中的作用进行了归纳，具体如下。

第一，社会资本是传播人类智力资本媒介。知识和技能等智力资本在人类发展中起到至关重要的作用，但它们只有传播开来，为多数人所掌握，并由理论转化为实际应用，才能最大限度发挥其作用，而社会资本则可以充当人类智力资本转化和传播的媒介，基于一般意义上为了合作而达成的互惠、诚信、意愿等基点上的网络的存在与维持都是知识与发明创新得以转化和传播的先决条件。

第二，社会资本是在更高层次上进行协调和合作的基础。当今世界是一个开放的世界，国与国之间的联系和往来日益密切，一个国家和地区的发展，离不开各国政府之间以及政府和国际组织之间在政治、经济、科技等各个方面的协调、参与和合作，而国际合作是以各个国家和地区的企业及社会组织的合作为基础的，需要国家和地区内部各个群体的配合，社会资本则可以发挥桥梁和纽带的作用。例如，在环境保护方面，国际合作与政策的实施需要当地政府、社会机构、企业和居民的协调参与。

第三，社会资本是网络组织产生和发展的催化剂。企业和家庭等微观主体是推动经济和社会发展的基础力量，而政府则为企业和家庭的决策与行为及其后果提供法律、制度等方面的保障，它们构成了一个国家和地区发展的核心部门。除此之外，由微观主体构成的社会组织也扮演着重要的角色，因为单纯依靠经济个体各自的力量，无法解决其在生产和消费过程中面临的很多问题，例如不正当竞争和产品质量安全等，而政府尽管可以通过法律和行政手段予以协调和规范，但在具体执行和实施中会受到许多限制，这种情况下，就需要由微观主体自发形成的社会组织的规范和引导。而社会资本和社会组织的形成和发展具有密切的关系，社会资本中网络、信任和规范等有助于社会组织的形成，例如在农业生产中，相互联系的农户可以组成生产合作社，形成规模化经营，解决产品生产和销售中的技术应用、信息滞后和风险防范等问题。与此同时，在社会组织的发展过程中，社会资本也得到了积累和提高。

第四，社会资本是社会制度完善和发展的推动者。经济和社会的发展需要相应的制度保障，从制度供给看，政府主要提供正式的制度，包括经济体制、金融体系安排、社会保障等，并为这些制度的顺利实施创造相应的人力、法律、基础设施等条件。但正式的制度可能难以覆盖全体社会成员，或者在实施中会受到社会成员自身的认知条件的限制。而非正式制度则是正式制度的有效补充，它主要是在民间自发形成的一种制度安排，也是社会资本的一种载体和表现形式。例如本书研究的金融排斥问题，由于正规金融体系难以满足某些弱势群体的金融需求，使得他们受到排斥，这种情况下，通过民间的非正规金融体系，可以在一定程度上满足被排斥群体的金融需求。因此，社会资本有助于促进非正式社会制度的产生和发展，弥补正式制度的不足和缺陷，从而推动社会制度的完善和发展，为经济和社会发展提供更全面的保障。而且，在市场经济发展早期，市场制度还比较脆弱且不完善，社会资本和非正式制度在其中发挥着重要作用。

五、社会资本与我国农户的经济行为

在我国农村地区，长期以来的城乡二元社会结构，使得农村较为封闭，农民之间的家族关系、乡土关系，农村地区的传统观念、习俗等对于农民的经济行为具有举足轻重的影响，因此从社会资本角度研究农村和农民经济问题具有重要的意义。当前国内许多学者从不同方面对于社会资本和农户经济行为的关系进行了研究。

（一）社会资本与农村劳动力转移

劳动力转移是促进我国农村发展和劳动资源合理配置的重要途径，而社会网络对于职业流动具有重要的促进作用（边燕杰和张文宏，2001），而农村社会资本则在促进农村劳动力转移和农户非农就业方面发挥了重要作用（季文和应瑞瑶，2007；王天鸽等，2015）。卜长莉（2004）、贺旭辉和闫逢柱（2005）、林善浪和张丽华（2010）认为，农村居民的关系网络能够帮助他们获得用工方面的信息，降低其搜寻成本，社会资本规模越大的农村劳动力，实现流动的可能性也就越大。因而农村劳动力所拥有的社会资源和关系是其成功获得非农就业机会的重要因素（谢正勤和钟甫宁，2006）。李娜（2007）则从社会资本的微观、中观、宏观层面探讨了其与农村人员流动的关系。蒋乃华和卞智勇（2007）认为社会资本的增加有助于延长农村劳动力非农从业的时间，促进农村家庭非农就业水平的提高。

除正向作用外，社会资本对于农村劳动力转移也可能具有某些方面的消极影响，周运清和刘莫鲜（2004）研究认为社会网络的高度同质性导致农村劳动力的垂直流动受阻。马红梅（2012）也认为过多信赖社会资本导致阻碍农村劳动力的转移、不利于资源优化配置。蒋传刚和孙旭友（2007）则认为农村转移劳动力在城市里因社会资本的缺乏极易遭遇困境，在得不到社会援助的情况下，可能会成为影响城市社会稳定的潜在威胁因素。

上述研究表明，在农村劳动力转移和非农就业中发挥作用的主要是社会资本中的关系网络，农村居民之间通过亲缘关系、地缘关系可以相互传递工作的需求信息、降低搜寻成本，从而可以促进劳动力转移。但过于依赖关系网络，可能导致劳动力转移的集中性和盲目性，即都集中向某些地区转移，使得劳动力的供给和需求出现局部失衡，劳动力过剩和短缺可能分别在不同地区出现，从而不利于劳动力资源的优化配置。同时，如果来自同一地区的农民工集中于某个城市，固然可以使他们相互帮助，"抱团取暖"，但也可能会给城市的环境、社会治安、交通等方面的治理带来一些影响。

（二）社会资本与农户金融行为

社会资本对于农户的金融行为也具有重要影响，其中研究较多的是其在农村信贷市场的作用和对农户借贷行为的影响问题。从农村信贷市场看，由于存在信贷约束，许多农村家庭要通过私人借贷等非正规渠道获得金融支持。程昆等（2006）认为农村的社会网络，相互之间的信任是私人借贷的基础，因此社会资本对于农村非正规金融运行具有重要的影响。张建杰（2008）认为建立在亲缘与业缘基础上的农户社会资本在农村信贷资金的配置过程中发挥了"特质性"资源的作用。蔡秀和肖诗顺（2009）也得出了类似的结论，他们发现基于血缘关系、以小农家庭为核心拓展开来的圈层结构以及内生于此的友情借贷在农村借贷市场上占有相当大的比重。

农户借贷行为方面，童馨乐等（2011）将农户借贷行为分解为两个层次——有效借贷机会与实际借贷额度，并研究了社会资本的影响，结果表明社会资本在解决农户融资难问题方面具有重要的作用。杨汝岱等（2011）发现社会网络对农户民间借贷行为影响较大，社会网络是农户平衡现金流、弱化流动性约束的重要手段。胡枫和陈玉宇（2012）则发现社会网络对农户向正规金融机构的借贷行为的影响更大。李丹和张兵（2013）则将社会资本分为以血缘为基础的强关系，以朋友为主的弱关系，并研究了这两类社会资本对农户借贷行为的影响，研究发现它们都能在一定程度上缓解农户的信贷约束，但弱关系的社会资本需要农户投入资金进行维持。孙颖和林万龙（2013）研究则发现随着市场化的加深，社会资本对于农村家庭借贷行为的影响逐渐减弱。

除农户借贷行为外，社会资本对于农民的参保行为也具有重要的影响（张里程等，2004）。吴玉锋（2011）研究发现社会互动有助于增进农民对新农保的了解，对农民参保行为具有促进作用。张文闻和陈广汉（2016）认为提高村民的社会资本，加强他们的社会交往有助于他们获取信息，提高农村养老保险参与率。阮荣平等（2015）研究表明有宗教信仰的农民参与农村新农保的概率要低。龙翠红和易承志（2016）研究了政府信任、社会资本与农村居民医保参与之间的关系，发现它们之间存在显著的正相关。

从当前研究看，国内学者对于社会资本与农户借贷行为的研究较多，对于参保行为的研究才刚起步，而对社会资本与农村家庭金融资产选择的研究则更为缺乏，仅有部分学者在研究中提到了社会资本可能会对农村居民的资产选择有一定的影响（张珂珂和吴猛猛，2013），但缺乏对于这一影响的深入和系统分析。

（三）社会资本与农村公共物品供给

公共物品的特点决定了其主要由政府公共财政提供，而对于具有赢利机会的公共物品在一定程度上可以由私人部门通过市场予以供给，但由于农村基层财政困难以及农村公共物品供给的效益较低（吴森，2007），公共物品供给中存在的信息不对称和寻租问题（张青等，2006），使得通过政府和市场解决农村公共物品如道路、农田水利设施甚至社会保障等的供给面临较大的困难。在这种情况下，农村公共物品供给就需要村民和集体贡献自己的力量，自行提供资金，但这又会面临"搭便车"问题，影响农民的积极性。而农村地区传统性、半熟人社会的特点，决定了社会资本在农村公共物品供给和管理中将会发生重要的作用（宋言奇，2010）。黄剑宇（2007）认为农村社会资本可以对村民的行为进行监督，克服"搭便车"现象。赵永刚和何爱平（2007）、贾先文（2010）认为农民在长期的交往中相互了解、相互信任，减少交易成本，而农村传统的习惯、习俗和意识形态对于农民的行为具有规范和指导作用，约束其行为，从而有助于农村居民在公共服务供给中的合作。周生春和汪杰贵（2012）认为农村社会资本有利于降低农民集体行动成本，提升农民集体行动效率，从而提高农村公共服务自主供给效率。

六、研究述评

综上所述，家庭金融资产选择、金融排斥和社会资本问题都是国内外学者关注的重点问题，并且在这些研究领域都取得了丰富的研究成果，为我们的研究奠定了基础，并提供了借鉴。例如，家庭金融资产选择与多种因素有关，有关学者对于这一问题的研究揭示了这些因素的影响机制和效应，并对这些因素之间的相关关系进行了深入研究，本书要对于社会资本与农村家庭金融资产选择的关系进行研究，探讨其影响的途径和渠道，而社会资本的作用离不开其他因素的传导，因此家庭金融理论有关其他因素对于家庭金融资产选择影响的研究奠定了我们对社会资本影响效应分析的直接基础。同时，社会资本对于农户行为影响的研究也在某些方面揭示了社会资本的影响途径，从而也为我们对于社会资本影响渠道的分析奠定了基础。

在金融排斥方面，我们将探讨农村家庭金融资产选择中的金融排斥的成因及影响，而我国农村金融排斥的相关研究从整体角度对有关群体受到金融排斥的原因及后果进行了深入分析，可以为我们对于农村家庭金融资产选择排斥的测量及成因分析提供借鉴与参考。

尽管相关研究对于我们的研究具有重要的参考，但也存在一定的不足之处，具体如下。

（一）家庭金融资产选择

近年来，国内外学者在家庭金融资产选择方面取得了较为丰富的研究成果，从许多方面对家庭投资行为进行了不同程度的解释，但对农村家庭金融资产选择的研究相对较少。由于发达国家不存在城乡差别，因而没有单独关于农村家庭金融行为的研究，发展中国家和我国国内对于农村家庭金融的研究侧重于农民的信贷行为。尽管也有部分国内学者参照当前研究对于我国农村家庭的金融资产配置影响因素进行了分析（王宇，2008；王宇和周丽，2009；徐展峰和贾健，2010；张珂珂和吴猛猛，2013；彭慧蓉，2012），但这些研究都不够深入，通常都是描述性研究，或者参照城镇家庭的研究，来分析影响城镇家庭金融资产选择的因素是否对于农村家庭也有一定的影响，而没有结合我国农村经济和社会的特点，考虑农村的特殊性，有针对性地对农村家庭金融资产选择行为进行研究。

从我国农村特点来看，相对于城市而言，农村金融发展程度较低，在金融服务获取方面存在着较为严重的金融排斥，这必然也会体现于农村家庭的金融资产选择和配置。此外，家庭的经济决策和行为是建立在对信息的搜集和分析基础上的，我国城镇地区市场化程度较高，市场在信息的获取和资源配置中起着主导作用，而我国农村地区是一个较为封闭的传统社会，市场化程度低，信息渠道较为狭窄，农村居民对于信息的分析和处理能力较为有限，农村的资源配置和农民的行为对于社会资本的依赖较大。因而，考虑到农村经济和社会的这一特点，有必要结合金融排斥和社会资本对农村家庭金融资产选择行为进行解释。

（二）金融资产配置的消费效应

从金融资产配置对于消费的影响看，当前研究还存在两个方面的不足：一是这些研究主要着眼于金融资产持有数量或比例对于消费的影响，缺乏有关金融资产尤其是风险资产选择决策对消费影响的综合研究，更没有考虑金融资产选择决策中的内生性和选择偏误问题。家庭金融资产选择决策包括存在递进关系的两方面内容：首先，家庭是否参与风险市场，即是否将资产配置在风险金融资产中；其次，当家庭决定持有风险金融资产后，其持有数量和比例如何分配。当前研究都是基于后者的，而忽视了前者，从而会导致内生性和选择偏误问题。

二是当前研究尤其是国内研究多是基于城镇居民数据开展的，或是利用城镇和农村家庭的混合数据，单独对于农村家庭的研究较少，且主要基于宏观经济数据。金融资产对于消费的影响具有异质性（周晓蓉等，2014），不同家庭的影响效应存在差别，如不同收入水平和年龄阶段等，而我国农村经济和社会发展水平同城镇地区存在差距，农村家庭的金融资产配置水平远低于城镇，城乡居民的消费行为也存在差别，因而有必要对农村家庭金融资产配置与消费的关系进行微观研究，以便更好地了解农村家庭的消费行为，揭示农村家庭金融资产配置的重要性。

（三）农村金融排斥

在我国农村金融排斥方面，国内许多学者从金融排斥的测量、成因、影响效应、解决办法等方面进行了深入的研究，但这大多数都是利用区域层面的数据进行宏观分析，例如在金融排斥测量方面，基本都是根据地区的宏观经济指标构建评价体系，对于该地区的整体的农村金融排斥状况进行测度，对于其他方面的研究也是如此，而利用农村家庭微观数据对于其微观金融行为研究较少。

不同的金融服务面临的具体排斥状况及成因可能存在差别，例如在存款方面，除个别偏远地区外，商业银行通常也会将农村地区作为重要的市场和资金来源，因此农村家庭存款方面的排斥较低，且排斥的原因可能主要在于农户自身，如其资金和偏好等方面。但在贷款方面，农村家庭面临的排斥即信贷约束较为严重，主要原因在于由于农村经济脆弱性和农业生产经营的不确定性、信息不对称等，商业银行等金融机构贷款意愿较低，因而出现了农民贷款难的问题。为此，要进一步对农村金融排斥状况进行深入研究，必须将整体金融服务进一步细分，研究某项具体金融服务所面临的排斥状况，这也相应要求将当前的研究由地区的宏观层面转向家庭的微观行为层面。

在具体金融服务方面，由于农村家庭的生产经营、农村经济和农业的发展，离不开资金的扶持，而除自身资金积累外，农民扩大生产经营所需要的资金主要依赖于借款，尤其是从金融机构的贷款。因此，从当前我国农村经济发展和农村金融现状看，信贷约束问题最为重要和迫切，因而也最为学者关注和研究。而对于其他金融服务如保险、投资等方面排斥的关注和研究较少，接近空白，原因在于这些金融服务相对重要程度要低。但农村家庭的金融需求随着经济发展也会日益多样化，其他金融服务的重要性必将逐渐提高，因而有必要对于其他金融服务中农村家庭面临的金融排斥问题进行细化研究，以更好地应对农村家庭金融需求的扩展。

（四）社会资本与农户经济行为

当前研究已经表明，社会资本具有重要的功能，对于我国农村居民的经济行为也具有重要的影响，并能影响农村家庭的金融决策和行为。但对于这些文献进行梳理发现，已有研究尚存在以下两方面的不足。

一是从研究的经济行为来看，局限于农村居民的非农就业、公共物品供给、借贷和保险参与等方面的决策，较少涉及农村家庭的金融资产选择和配置决策。

金融资产选择是一项较为复杂的决策行为，从家庭自身来说，它需要家庭决策成员拥有一定的专业知识、理性思维以及信息的搜集和处理能力，或者有外部的、专业人员的支持和帮助。而如果不具备这些条件，家庭很可能会放弃金融资产的购买，即使是参与了金融资产交易但也可能会作出错误的决策，使自己的财产面临损失的可能。而对于绝大多数农村家庭来说，往往都不具备这些知识和能力，也很难得到专业的帮助，这就限制了其金融资产的选择和优化配置。

而社会资本在一定程度上可以弥补农村家庭的这一不足，例如可以通过关系网络传递相关的信息、提供相应的帮助和建议、通过信任缓解不确定性等，从而对农村家庭的金融资产选择产生影响。因此，有必要对农村家庭社会资本与其金融资产选择之间的关系进行深入研究。

二是从社会资本方面来看，已有研究对于农村社会资本的界定和刻画不够全面。社会资本是包含关系网络、信任和互惠、传统和观念、规范在内的综合体，而当前有关农村社会资本对于农户行为的研究，绝大多数都局限于关系网络这一层面上，缺乏从其他角度全面研究社会资本对于农村家庭行为的影响。

社会资本的不同方面具有不同的作用，因而对于农户经济行为的影响机制和路径也各不相同，例如通过关系网络可以传递信息，通过信任可以降低不确定性，而思想观念则会影响农民的行为偏好等，已有研究没有考虑社会资本的不同方面及其对于农户行为影响方面的差别，因而可能会影响研究结论的准确性和全面性。因此，要全面了解社会资本对于农户行为的影响，必须从各个角度来对社会资本进行衡量，并分别分析其影响效应。

第三章 中国农村家庭金融资产选择状况

金融资产配置是重要的家庭金融行为,是实现家庭财富积累的重要方式和途径,而我国农村家庭金融资产配置状况如何?对此本章将在对于金融资产概念和范畴进行界定的基础上,结合中国家庭追踪调查(CFPS)数据,对于我国农村家庭金融资产选择状况进行分析。

一、金融资产的概念及范畴

金融资产指可以在金融市场上进行交易、具有现实价格和未来估价的金融工具的总称,它能够为其持有者带来相应的收益。广义来理解,金融资产包括一切在金融市场上可以交易的金融工具,如现金、存款、债券、股票以及期货、期权等衍生金融工具,但金融工具并不等同于金融资产,金融资产是一个相对的概念,只有当这些金融工具成为其持有者用于满足自身某些需要的投资对象时,它们才可以称为金融资产。

随着经济的发展和生活水平的提高,投资理财意识的增强,以及金融市场的完善发展,金融创新的增强,金融产品和工具的多样化,我国居民和家庭对于金融资产的需求也在逐渐增加。从目前来看,我国金融市场上的资产类金融工具包括现金、存款、基金、各类理财产品、股票、债券、期权和期货等。由于金融工具的多样性,在市场上,家庭选择投资哪一种金融工具,即选择持有哪一类金融资产,主要考虑实际到期期限、安全性、收益率、流动性等因素。其中安全性指持有某类金融资产遭受损失的风险,根据这一因素，可以将金融资产分为无风险资产和风险资产。

（一）无风险资产

无风险资产主要包括现金、存款等。从这些资产特征来看，家庭持有现金的风险主要在于不能获得任何收益，机会成本较高，且会面临通货膨胀导致的购买力下降；存款的风险在于发生金融危机时，存款机构可能难以保障储户存款的偿付。这些风险发生的可能性极低或者风险损失很小，因此总体而言风险较小，接近于零。

（二）风险资产

风险资产则包括股票、基金、债券、理财产品和衍生金融工具等，这几类金融资产尽管都属于风险资产，但它们在风险程度以及对投资者自身能力和投资经验的要求存在差别。具体来看，理财产品和债券相对风险较低、收益稳定，可以满足风险偏好较低的家庭的金融资产配置需求。而且此类金融资产在投资中对投资者专业知识和能力要求不高，相对于股票、衍生品等较为复杂的和技术性较强的金融工具来说，更能够适应有闲置资金的一般家庭的资产配置需求。

而对于股票和基金而言，二者具有较大的相似性，首先，从投资标的来看，多数投资者所投资的基金都是以股票为投资标的，相当于间接持有和投资股票。其次，从操作方式和交易成本看，需要投资者在证券公司开设交易账户进行投资交易，而且交易时还需要支付一定的佣金和税金，交易成本较高。再次，这两种金融资产的投资需要掌握一定的专业知识，能够通过对市场信息和宏观经济形势与政策等的分析和把握，对市场行情和投资标的进行判断，进而作出理性的决策。最后，这两类金融资产的投资要面临多种风险，包括系统性风险、政策风险、个体风险等，因而风险较高，投资收益的波动性较大。这些特征决定了股票和基金对于投资者自身知识和技能要求较高，适合于风险承受能力较强，具有一定的投资知识和经验的家庭。

综上所述，金融资产包含了多种类型，而对于金融资产的选择和投资行为，是金融学研究的重要问题。当前学者研究中重点关注的是股票的投资行为，对于其他资产研究较少，我们的研究将综合考虑多种金融资产，包括存款（主要指定期存款）、理财产品、股票、债券、基金、金融衍生品等，而将现金、活期存款排除在外。原因在于家庭进行金融资产配置的主要目的是获取收益，保证资产的安全和保值增值，而现金和活期存款的最大优点是流动性强，但不能给持有者带来收益。

二、样本和数据来源

本书在研究中选择的数据主要来源于中国家庭追踪调查（CFPS），这一调查是全国范围内的抽样调查，样本容量大，抽样设计更严谨，比较权威，可信性较强，这一调查的具体情况如下。

（一）基本情况

中国家庭追踪调查（CFPS）由北京大学中国社会科学调查中心（ISSS）组织实施，是一项全国性、综合性的社会追踪调查项目。该调查以计算机辅助面访调查（CAPI）为主，辅之以计算机辅助电话调查（CATI），每隔两年组织一次调查，正式调查于2010年开始启动，以家庭为基本调查单位，目标样本规模在16000余户，涵盖了我国25个省、自治区和直辖市①，具有较高的代表性。

---

① 开始的调查地区不含香港、澳门、台湾以及新疆维吾尔自治区、西藏自治区、青海省、内蒙古自治区、宁夏回族自治区、海南省，2014年后陆续增加了海南、内蒙古、宁夏、新疆、西藏和青海等地区，但样本极少。

（二）抽样设计

CFPS 是追踪调查，其调查样本的选择工作是在 2010 年的基线调查中完成的，其后的调查称为追踪调查，即对 2010 年调查的样本家庭进行追踪访问，了解其动态变化情况。在基线调查样本家庭的抽样设计方面，CFPS 采用多阶段、多层次、与人口规模成比例的概率抽样方式（PPS）。具体分为三个阶段，初级阶段抽样单元（PSU）为行政区（县），从 25 个省、自治区和直辖市下属的 2500 多个县级区划按比例抽取 176 个样本区（县）；第二阶段抽样单元（SSU）为村（居）委会，从样本区（县）中按比例随机抽取 640 个村（居）委会；第三阶段抽样单元（TSU）为家庭，是最终的调查单位，按照家庭住址从样本村（居）委会中抽取样本家庭，抽样方式为随机起点等距抽样，每个样本村（居）委会抽取的家庭数量为 28—42 户不等，最终的样本家庭为 19986 户。具体抽样阶段及抽样框架如表 3 – 1 所示①。

表 3 – 1　CFPS 三阶段抽样

阶段	抽样单元	抽样数量			
		广东、甘肃、辽宁、河南	上海	其他 20 个省、自治区和直辖市	合计
初级阶段	区（县）	64	32	80	176
第二阶段	村（居）委会	256	64	320	640
第三阶段	家庭	每个村（居）委会抽取 28—42 户家庭，共计 19986 户			

资料来源：《中国家庭追踪调查用户手册》（第三版）。

本书的研究需要使用农村家庭调查数据，而从 CFPS 抽样来看，并没有将城镇和农村家庭分开抽样并进行调查，但其提供了基于国家统计局资料的城乡分类变量，对此本书在研究中按照这一变量从全部样本中筛选出农村家庭然后进行分析。

---

　①　表中列举的抽样数量仅是目标规模，实际抽样和调查时与此可能会有偏差。

表 3-2 列出了 2010 年基线调查以及 2012 年和 2014 年追踪调查的有效样本家庭地区及城乡分布状况，从中可以看出，2010 年实际有效样本家庭为 14798 户，其中农村家庭为 7694 户，约占全部样本的 52%；2012 年有效样本为 13315 户，其中农村家庭为 7126 户，占全部样本比例约为 53%；2014 年有效样本为 13946 户，其中农村家庭为 7214 户，占比约为 52%[①]。从这几次调查可以看出，农村家庭样本都约占全部样本的 50%，样本规模约在 7000 户，农村家庭样本规模和占比都比较稳定。

表 3-2　CFPS 样本家庭城乡和地区分布

（单位：户）

地区	2010 年			2012 年			2014 年		
	农村	城镇	合计	农村	城镇	合计	农村	城镇	合计
北京	0	102	102	0	77	77	7	135	142
天津	29	62	91	28	53	82	30	68	98
河北	464	270	734	476	241	727	464	310	775
山西	416	233	649	373	182	555	412	184	596
辽宁	622	856	1478	635	715	1378	613	691	1381
吉林	130	182	312	108	162	275	116	155	271
黑龙江	127	415	542	116	328	446	124	350	474
上海	239	1166	1405	205	814	1039	164	824	1011
江苏	80	202	282	82	187	272	83	213	296
浙江	120	135	255	110	117	227	121	165	286
安徽	136	159	295	125	146	272	134	163	297
福建	84	78	162	99	51	150	109	64	173
江西	203	68	271	205	67	275	183	64	247
山东	418	253	671	418	252	677	411	272	683
河南	894	612	1506	831	627	1466	866	675	1544
湖北	79	207	286	78	153	231	77	149	226
湖南	218	233	451	214	181	407	218	196	414
广东	610	784	1394	534	644	1187	553	739	1293

---

① 根据城乡分类变量，2012 年、2014 年调查数据中，分别有 139 户和 116 户家庭这一变量数据缺失。

续表

地区	2010 年			2012 年			2014 年		
	农村	城镇	合计	农村	城镇	合计	农村	城镇	合计
广西	237	52	289	190	64	254	201	90	291
重庆	75	103	178	71	78	152	65	78	143
四川	451	320	771	311	284	596	364	327	691
贵州	341	118	459	298	120	419	265	123	389
云南	324	61	385	279	83	366	294	97	391
陕西	157	136	293	148	139	288	165	161	326
甘肃	1240	297	1537	1192	285	1494	1173	307	1490
海南							1	3	4
内蒙古							0	6	6
宁夏							0	2	2
新疆							1	5	6
合计	7694	7104	14798	7126	6050	13315	7214	6616	13946

从地区分布看，河北、山西、江西、山东、河南、广西、四川、贵州、云南、甘肃等省（自治区、直辖市）农村家庭样本占据多数，这些省（自治区、直辖市）都是重要的农业生产地区，从事农业的人口较多，因而按比例抽样时样本中农村家庭较多。

（三）调查内容

CFPS 的调查问卷包括村（居）问卷、家庭成员问卷、家庭问卷、少儿问卷和成人问卷五类。其中，村（居）问卷主要了解该村（居）的基础设施、人口结构、政策实施、经济情况、社会服务等信息。家庭成员问卷主要了解家庭成员数量、性别等基本信息和成员关系。家庭问卷主要调查家庭的整体情况，包括地理交通、生活条件、社会交往、家庭经营、收入和支出、家庭资产等内容。少儿问卷适用于 16 岁以下的家庭成员调查，主要了解他们的年龄、教育、身体状况、日常生活、认知能力等信息。成人问卷则主要调查 16 岁以上家庭成员基本信息，包括出生日期、身体状况、教育经历、婚姻状况、工作、收入和支出、社会关系等。本书在研究中主要用到家庭问卷和成人问卷中的有关调查数据，这部分数据中包含了我们分析中需要的家庭基本特征以及金融资产配置状况、家庭成员基本状况以及社会关系状况等信息。

三、中国农村家庭金融资产规模和结构

（一）中国农村家庭金融资产规模

家庭总资产包括金融资产和实物资产，表 3 - 3 列出了根据 CFPS 调查数据整理的 2012 年和 2014 年我国农村家庭总资产及金融资产规模数据，其中实物资产包括房产、生产性固定资产和耐用消费品，金融资产包括现金、存款、股票、基金、债券、理财产品、金融衍生品、借出款等。在统计总资产金额时上述资产都包括在内，但在具体各类金融资产分析时，实物资产主要分析房产，金融资产重点分析现金、存款、股票、基金、债券、理财产品和金融衍生品等，因为我们主要研究的是正规金融机构提供的金融产品。

表 3 - 3　农村家庭资产规模

（单位：元）

	2012 年				2014 年			
	全国	东部	中部	西部	全国	东部	中部	西部
总资产	187393.7	259975.1	167328.3	117376.8	217825.5	284881.7	193885.1	156704.1
房产	123722.6	168728.8	113179.4	78688.56	173871.6	233519.9	146341	124491.4
金融资产	18364.33	22597.72	18383.05	13232.05	20911.84	26988.84	21059.76	13306.38
现金和存款	15809.17	20082.5	15300.62	11103.76	16952.41	21966.21	17722.94	10091.89
风险资产	329.87	544.15	254.32	138.61	327.26	699.07	109.01	60.59

注：风险资产包括股票、基金、债券、理财产品和金融衍生品。

1. 总资产

从总资产规模来看，随着我国经济的发展，农村家庭的收入和财产也逐渐增加，其资产规模呈现出较快的上涨速度。全国来看，2012 年我国农村家庭户均资产总额约为 187393.7 元，2014 年则增加到了 217825.5 元，年均增长速度约为 7.8%，与我国宏观经济增长速度大体一致。分地区看，东部、中部和西部地区农村家庭的平均资产存在着一定的差距，但随着我国整体经济的发展和地区差距的缩小，这一差距也在逐步缩小。根据表 3-3 中数据可以计算出，2012 年东部地区农村家庭平均资产分别是中部和西部地区的 1.55 倍和 2.21 倍，2014 年有所减少，分别为 1.46 倍和 1.81 倍。

2. 金融资产

从金融资产来看，也呈现出较快的增长势头，2012 年我国农村家庭户均金融资产约为 18364.33 元，2014 年达到了 20911.84 元，年均增长 6.7%，略低于总资产增长速度。分地区看，东部、中部和西部地区同样存在一定的差距，2012 年东部地区农村家庭金融资产分别是中部和西部地区的 1.23 倍和 1.71 倍，2014 年变为 1.28 倍和 2.03 倍，从中可以看出，在金融资产方面东部和中部地区差距并不太大，而与西部地区差距较大，且这一差距 2014 年相比 2012 年有所扩大，这与总资产的变化特征有一定的区别。

从具体各类金融资产看，2012 年农村家庭户均现金和存款总额约为 15809.17 元，2014 年则达到了 16952.41 元，年均增长速度为 3.55%，而从股票、基金等其他风险资产来看，2012 年此类资产户均总额约为 329.87 元，2014 年为 327.26 元，基本没有变化。

（二）中国农村家庭资产结构状况

1. 农村家庭金融资产占总资产比例

表 3-4 反映了农村家庭全部资产在房产和金融资产中的配置比例。从中可以看出，在农村家庭的全部资产中，房产占据了绝对的主导，2012 年

为66.02%，2014年为79.82%，有一定的增加。对于金融资产而言，其所占比重较低，2012年为9.8%，2014年为9.6%，基本保持稳定。

分地区看，尽管东部地区金融资产数额最大，但其金融资产配置的比例却相对较低。2012年，东部地区金融资产比重为8.69%，低于中部和西部地区的10.99%和11.27%，这与东部地区农村家庭的房产和耐用消费品等非金融资产在数量和价值上更高可能有一定的关联。从2014年来看，东部、中部和西部地区金融资产配置比例分别为9.47%、10.86%和8.49%，东部和中部地区相对于2012年变化不大，西部地区则有一定程度的下降。

表3-4　农村家庭资产结构状况

（单位:%）

	2012 年				2014 年			
	全国	东部	中部	西部	全国	东部	中部	西部
房产	66.02	64.9	67.64	67.04	79.82	81.97	75.48	79.44
金融资产	9.8	8.69	10.99	11.27	9.6	9.47	10.86	8.49
现金和存款	86.09	88.87	83.23	83.92	81.07	81.39	84.16	75.84
风险资产	1.8	2.41	1.38	1.05	1.56	2.59	0.52	0.46
股票	0.74	1.21	0.53	0.04	—	—	—	—
基金	0.6	0.7	0.1	1.01	—	—	—	—
债券	0.27	0.21	0.58	0	—	—	—	—
金融衍生品	0.19	0.29	0.17	0	—	—	—	—

注：房产和金融资产为其占总资产比重，现金和存款、风险资产等为其占金融资产比重。由于2014年没有各项风险资产具体数据，因而只列出了其总额。

2. 农村家庭金融资产内部结构

表3-4还反映了金融资产内部的构成状况，可以看出，农村家庭绝大多数金融资产都是以现金和存款形式持有，其他类金融资产所占比重较小。2012年农村家庭现金和存款在金融资产中占86.09%，风险资产总额仅占1.8%，而2014年现金和存款比例为81.07%，风险资产占比为1.56%，相对于2012年都有所下降。分地区看，2012年东部地区现金和存款占金融资产比例为

88.87%，中部和西部为83.23%和83.92%，2014年三个地区分别为81.39%、84.16%和75.84%，东部和西部有明显下降，中部地区则基本保持不变。2012年农村家庭风险资产占比，东部、中部和西部地区分别为2.41%、1.38%和1.05%，2014年分别为2.59%、0.52%和0.46%，从变化方向看，东部地区略有上升，而中部和西部地区则有明显的下降。

从风险资产各自占比看[1]，股票所占比重最高，2012年农村家庭股票价值占风险资产比重为0.74%，其次是基金，占比为0.6%，债券和金融衍生品占比为0.27%和0.19%，表明在这几类风险资产中，农村家庭配置以股票和基金这两类风险资产为主。分地区看，东部、中部和西部地区存在不同的特征，东部地区基本与全国平均状况一样，以股票和基金为主，股票占比为1.21%，基金占比为0.7%；中部地区则以债券和股票为主，占比分别为0.58%和0.53%；西部地区则主要是基金，占比为1.01%。

（三）城乡家庭金融资产结构比较

通过分析和比较城乡家庭资产结构状况，可以发现农村家庭在资产配置方面的差距和存在的问题。表3－5给出了基于CFPS数据整理计算的城镇家庭2012年和2014年平均家庭金融资产结构状况[2]，通过与农村家庭对比可以看出，尽管从总体上，城乡家庭资产分布特征基本一致，都是房产所占比重最大，金融资产相对较低，且以现金和存款为主。但相对于农村家庭，城镇家庭金融资产尤其是除现金和存款外的风险金融资产配置比例要高于农村家庭，2012年城镇家庭股票、基金、债券和金融衍生品配置比例为15.17%，2014年为16.77%，远远高于农村家庭的1.8%和1.56%，是农村家庭的近10倍。

---

① 由于仅有2012年调查有这几类金融资产详细数据，因此以2012年进行分析。
② 我们重点从全国整体来对比城乡资产结构的差别，因此本表没有再进一步整理东部、中部和西部城镇家庭的资产结构数据。

表 3 - 5　城镇家庭资产结构状况

（单位：%）

项目	房产	金融资产	现金和存款	风险资产	股票	基金	债券	金融衍生品
2012 年	75.92	13.12	76.78	15.17	9.56	3.4	0.51	1.7
2014 年	82.61	10.56	73.38	16.77	—	—	—	—

注：房产和金融资产为其占总资产比重，现金和存款、风险资产等为其占金融资产比重。

　　而从城镇家庭在这四类金融工具的配置比例看，与农村家庭配置特征一致，由高到低分别是股票、基金、金融衍生品和债券，但与农村家庭不同的是，城镇家庭这几类资产配置比例差距较大，以股票和基金来比较，2012 年城镇家庭金融资产中股票配置比例为 9.56%，基金为 3.4%，股票占比是基金的 2.81 倍，而农村家庭这一差距为 1.23 倍。

四、中国农村家庭金融市场参与及金融资产分散化状况

（一）农村家庭金融市场参与状况

　　金融资产占总资产的比重反映了农村家庭金融资产参与的深度，而金融资产参与状况则反映了农村家庭金融资产配置的广度，用金融资产参与比例来衡量，即持有某项金融资产的家庭占样本家庭的比例。表 3 - 6 给出了 CFPS 调查中选择持有多套房产和各类风险金融资产的农村家庭户数以及占比状况。可以看出，将资产部分配置于股票等风险金融资产的农村家庭数量和参与比例极低，而拥有多套房产的家庭数量和比例较高，表明房产仍然是农村家庭资产配置的重要选择。具体来看，2012 年，样本家庭中参与股票投资的农村家庭有 39 户，参与比例为 0.55%；投资基金的家庭有 37 户，参与比例为 0.62%；投资债券的有 27 户，参与比例为 0.38%；而投资金融衍生品的有 12 户，参与比例为 0.17%，合计共有 106 户，整体参与比例为 1.49%[①]。具体到各地区的家庭分

---

　　① 由于部分家庭同时参与了多种金融资产配置，因而合计值并不等于持有单类资产的家庭数量简单加总，而是加总后剔除了重复的家庭。

布，东部地区股票等金融资产合计参与比例为1.87%，中部地区为1.51%，西部地区为1%，在具体这几种金融工具中，东部地区股票参与比例最高（0.9%），中部地区投资于债券的家庭比例较高（0.54%），西部地区农村家庭主要选择基金（0.48%）。

相比于2012年，2014年农村家庭股票等金融资产参与比例有明显的减少，其中股票和基金参与比例均为0.36%，债券为0.09%，金融衍生品为0.03%，合计的参与比例为0.72%。而持有多套房产的农村家庭数量和比例有明显上升，分别增加到了910户和12.92%。

表3-6 农村家庭各类资产参与状况

（单位：户）

	2012 年				2014 年			
	全国	东部	中部	西部	全国	东部	中部	西部
多套房产	819 (11.5%)	387 (13.94%)	279 (13.61%)	153 (6.66%)	910 (12.92%)	434 (15.55%)	272 (13.68%)	204 (9.01%)
股票	39 (0.55%)	25 (0.9%)	7 (0.34%)	7 (0.3%)	25 (0.36%)	19 (0.68%)	3 (0.15%)	3 (0.13%)
基金	37 (0.62%)	17 (0.61%)	9 (0.44%)	11 (0.48%)	25 (0.36%)	15 (0.54%)	4 (0.2%)	4 (0.18%)
债券	27 (0.38%)	11 (0.4%)	11 (0.54%)	5 (0.22%)	6 (0.09%)	5 (0.18%)	0	1 (0.04%)
金融衍生品	12 (0.17%)	6 (0.22%)	6 (0.29%)	0	2 (0.03%)	1 (0.04%)	1 (0.05%)	0
样本家庭数量	7126	2777	2050	2299	7042	2791	1988	2263

注：括号内为参与家庭户数占样本家庭数量的比例，即参与比例。

为了对比城乡各类资产参与状况，我们也计算了2012年和2014年的城镇家庭的有关数据，具体如表3-7所示。表中可以看出，房产投资同样也是城镇家庭的重要资产配置方式，持有多套房产的家庭约占城镇样本家庭的18%。

表 3 - 7　城镇家庭各类资产参与状况

（单位：户）

项目	多套房产	股票	基金	债券	金融衍生品	样本家庭数量
2012 年	1020 （17.36%）	486 （8.03%）	327 （5.4%）	43 （0.71%）	40 （0.66%）	6050
2014 年	1251 （18.42%）	437 （6.44%）	242 （3.56%）	43 （0.64%）	36 （0.53%）	6789

注：括号内为参与比例。

而在金融资产参与方面，城镇家庭股票和基金的参与比例要远远高于农村家庭，从 2012 年来看，股票参与率为 8.03%，是农村家庭的近 15 倍，基金参与率为 5.4%，是农村家庭的 8.7 倍。对于债券和金融衍生品而言，城镇家庭的参与率同样较低，分别为 0.71% 和 0.66%。城镇家庭这四类金融资产合计的参与率为 11.52%，是农村家庭的 7.7 倍。

相对于 2012 年，城镇家庭 2014 年股票参与率为 6.44%，基金为 3.56%，债券和金融衍生品分别为 0.64% 和 0.53%，都呈现一定的下降，尤其是股票和基金参与比例下降更多，四类金融资产合计参与率为 9.37%。但与农村家庭参与率比较，二者的差距却在扩大，是其合计参与率的 13 倍。

（二）农村家庭金融资产分散化状况

家庭资产的优化配置需要在投资的收益和风险之间进行权衡，在金融资产的选择配置上更是如此。不同金融工具的收益和风险各不相同，要在获得预期收益的同时降低不确定性带来的风险，需要家庭进行分散化投资，即将家庭的财富在多种金融资产上进行配置。

表 3 - 8　城乡家庭风险金融资产多样化配置状况

（单位：户）

	2012 年		2014 年	
	农村	城镇	农村	城镇
股票和债券	1（0.94%）	11（1.53%）	0	7（1.09%）
基金和债券	1（0.94%）	14（1.95%）	2（3.85%）	6（0.93%）
股票和基金	5（4.72%）	121（16.85%）	3（5.77%）	78（12.13%）
股票和金融衍生品	1（0.94%）	13（1.81%）	0	5（0.78%）

	2012 年		2014 年	
	农村	城镇	农村	城镇
债券和金融衍生品	1（0.94%）	2（0.28%）	0	0
基金和金融衍生品	0	5（0.7%）	0	5（0.78%）
股票、基金和债券	0	4（0.56%）	1（1.93%）	10（1.56%）
股票、基金和金融衍生品	0	8（1.11%）	2（0.03%）	4（0.62%）
合计	9（8.49%）	178（24.79%）	6（11.5%）	115（17.88%）

注：括号内为分散化投资家庭占全部金融资产投资家庭的比例。

表3-8反映了城镇和农村家庭风险金融资产多样化配置状况，从中可以看出，整体来看，在金融资产参与率较低的情况下，能够进行分散化投资的农村家庭数量和比例更低。

具体来看，表3-8统计了在股票、基金、债券和金融衍生品中，至少持有两种及以上资产的家庭数量和比例。可以看出，2012年，农村家庭持有两种及以上上述金融资产的家庭共有9户，而这几种金融资产合计的参与家庭数量为106户，占其8.49%，即在选择金融资产投资的家庭中，仅有8.49%的家庭进行了分散化投资，且主要选择分散投资在两种资产，以股票和基金为主（4.72%），分散化投资的比例较低。2014年，分散化投资农村家庭仅有6户，约占全部52户金融资产选择家庭的11.5%，这一比例相比2012年有所提高，仍然以股票和基金为主。

与农村相比，进行分散化投资的城镇家庭较多，2012年来看，共有178户，占金融资产投资家庭的24.79%，这一比例远远高于农村家庭，其中投资在两种金融资产的城镇家庭占23.12%（166户），有1.67%（12户）的家庭分散化投资于三种金融资产，从这些资产组合情况看，无论是两种资产还是三种资产，都是以股票和基金为主，单独统计包括这两类资金的投资家庭，有133户，占投资家庭的18.52%。2014年，城镇家庭分散化投资比例为17.88%，相比2012年略有下降，但仍比农村家庭这一比例要高出很多，且还以股票和基金为主（12.13%）。

第四章　中国农村家庭金融资产选择排斥及原因分析

上一章的研究表明，我国农村家庭在金融资产配置方面还存在许多的不足，与城镇家庭存在较大的差距，导致这一状况的原因可能是多方面的，本章将从金融排斥方面进行分析，首先对于我国农村家庭金融资产选择方面的排斥状况进行定性分析和定量评价，然后对于这一排斥形成的原因深入研究。

一、金融资产选择排斥的测度方法

从金融排斥视角来看，金融资产选择排斥反映了家庭在金融资产选择和配置方面面临的困难和约束。而要对于农村家庭金融资产选择排斥状况进行深入分析，重要的内容就是对其所面临的排斥程度进行衡量，对此我们采用两种思路进行分析，一是依据金融资产选择排斥的结果和表现进行定性评价；二是将金融资产选择排斥细分为不同的维度，并设置对应的指标进行定量评价。这两种方法具体如下。

（一）金融资产选择排斥的定性分析

定性分析指将金融排斥按其具体表现分为不同的等级，并分别给出对应的标准，然后通过家庭的调查数据，对照标准将其进行归类，从而判断某一家庭的金融排斥属于何种程度。我们依据家庭在金融资产选择中的具体状况将金融资产选择排斥分为未受排斥、轻度排斥和严重排斥三个等级，具体划分情况如表4-1所示。

表4-1　金融资产选择排斥程度划分

排斥程度	具体表现
未受排斥	能够投资于股票、基金、债券、理财产品等风险资产或者比金融资产更好的投资品种
轻度排斥	仅投资于定期存款等无风险资产
严重排斥	没有投资于除现金和活期存款外的任何金融资产

1. 未受排斥

未受排斥包括两种情况，一种情况是家庭在金融资产选择中几乎没有面临困难和约束因素，从表现来看，这类家庭能够认识到合理的金融资产配置对于家庭财富保值增值的重要性，并拥有一定的金融知识和投资技能，具有金融资产配置的需求。为了追求家庭财富的增长，他们会主动参与风险市场，将一定比例的资产配置于股票、基金、债券或者理财产品等风险资产，而且他们也能够从金融机构那里获得有关的服务，甚至还有部分家庭，为了分散金融投资的风险，会选择相应的投资组合，这些资产组合可能是风险资产与无风险资产，也可能是各种风险资产的组合。

上述四种风险资产特征各不相同，但我们认为只要家庭能够选择这四种资产中的至少一种进行投资，就认为是没有面临排斥。原因在于，不同的家庭风险偏好和投资技能不同，由此在这四种金融资产的选择和配置方面也存在差别，例如有的家庭追求低风险和稳定的收益，因而偏好于购买理财产品，有的家庭则追求高收益，能够承受较高的风险，因而热衷于投资股票。对此，我们认为只要家庭能够按照自己的投资意愿在这四种资产中进行配置，都属于未受排斥。

另一种情况是，有些家庭虽然没有金融资产配置意愿和需求，但他们是因为有更好的投资方式和途径，例如投资于黄金或者艺术品、房产，或者将闲置的资金以民间入股的形式参与他人经营的企业，或以民间借贷形式以较为合适的利率借给他人用作生产经营的投资，或者以私募形式间接参与某些投资活动，此类家庭也看作是未受到排斥。

2. 轻度排斥

轻度排斥指家庭有金融资产配置需求，并且能够将其家庭资产部分配置在金融资产方面，但其金融资产主要是以定期存款等无风险资产为主，并没有合理地选择风险资产投资。

无风险资产投资尽管很少会使家庭资产面临损失的风险，但其收益也较低，而要实现家庭财富的增值，合理的投资方式是应当至少将部分家庭资产投资在风险资产方面，这是在理论和现实中都已经得到证实的。对于这类家庭，尽管他们认识到金融资产配置的意义和对于家庭财富积累的重要性，并将家庭财富投资于金融资产，但他们仅仅选择了无风险资产。对于风险资产，由于家庭自身风险偏好、缺乏有关的投资知识等原因没有形成实际的需求，或者虽然有投资于风险资产的意愿和需求，但在金融服务可得性上受到限制，无法接触到这些金融产品和服务，因而最终没有进行投资，使得其金融资产的配置尚不够合理。

3. 严重排斥

严重排斥指家庭没有持有任何一种能够带来一定收益的金融资产，其金融资产主要以低收益甚至没有任何收益的现金和活期存款等形式持有，此类资产难以给家庭带来相应的收益。

（二）金融资产选择排斥程度的定量评价

定性评价方法的缺陷在于：首先，对于金融排斥的程度划分较为笼统，不能说明其排斥的具体程度；其次，只根据金融排斥的表现来划分，没有区分其更深层次的原因，不能细致地揭示农村家庭的排斥状况。对此，我们将金融资产选择排斥划分为需求型排斥和供给型排斥，在此基础上进一步细分为各个维度（见表4-2），并基于此进行定量评价。

表4-2　金融资产选择排斥的维度

类型	维度	表现
需求型排斥	认知排斥	对于金融资产配置的重要性缺乏认识
	知识排斥	不具备有关的金融知识和投资技能
	流动性排斥	资金短缺、家庭筹集资金较为困难
	工具排斥	没有或不会使用金融资产交易的设施和工具
	风险排斥	风险厌恶程度较高、风险承受能力较低
供给型排斥	地理排斥	金融机构营业网点数量少，距离金融机构营业网点的距离远
	营销排斥	难以从金融机构那里获得金融知识和信息

1. 金融资产选择排斥的划分

（1）需求型排斥

需求型排斥指由于家庭自身因素导致的金融资产选择排斥，其主要表现是家庭的金融资产需求受到抑制。例如有些家庭认识到金融资产配置的重要性，也希望通过金融资产配置来合理安排家庭的财富，但由于缺乏相关的投资知识和技能，以及出于对金融资产投资风险的担心，害怕不能获得预期的回报反而会面临投资损失，因而没有将这一意愿转化为实际的行动。由于导致这一排斥的原因主要在于作为需求主体的家庭自身的因素，因而将其称为需求型排斥。需求型排斥具体又可以分为如下几个维度。

①认知排斥

认知排斥指由于家庭的理财观念淡薄，对于金融资产配置的重要性和意义缺乏必要的认识，因而没有产生将家庭财富配置在金融资产方面的需求。对此，如果家庭对于金融资产及将家庭财富合理配置在金融资产中的意义缺乏相应的认知，则可认为他们面临着一定程度的认知排斥。

②知识排斥

知识排斥指家庭由于缺乏相关的金融知识，对于相关的金融资产不了解，缺乏相应的投资技能而导致的需求排斥。由于金融资产投资具有一定的风险性和复杂性，对于投资主体的金融知识、学习能力、投资技能等都有一定的要求，否则投资者就难以作出理性的投资决策，而一旦投资失误，投资者就难以获得预期的回报，甚至还有可能遭受损失。在这种情况下，如果家庭不具备一定的投资能力和知识，他们可能就缺乏通过金融资产投资来获得预期收益的信心，从而放弃这一需求。这一排斥的程度与家庭对于金融知识的了解和掌握程度有关，对于金融知识和投资方法越不了解，排斥程度就越高。

③流动性排斥

流动性排斥指家庭由于没有足够的资金用于金融资产投资因而导致的排斥。和普通商品一样，金融资产的购买和投资需要家庭支付一定的资金，其资金规模决定了家庭的支付能力，如果家庭流动性紧张，其资金要优先满足其他方面的需要，这种情况下家庭即使有投资的意愿也没有足够的资金进行投资，因而也无法产生实际的金融资产需求。这一排斥和家庭资金及其筹集资金解决流动性困境的能力有关，家庭资金越缺乏，筹集资金越困难，其排斥程度就越高。

④工具排斥

金融资产投资需要一定的辅助设备和工具，例如许多金融资产的投资和交易都要通过计算机以及互联网进行操作，而有些家庭不具备或者不会使用这样的设备和工具，因而无法进行金融资产交易，从而产生了金融排斥，对此我们将其称为工具排斥。

⑤风险排斥

风险排斥指金融资产投资具有一定的不确定性和风险，有些家庭对于风险的厌恶程度较高，不愿意承担金融资产投资的风险，因而缺乏对于金融资产的配置需求，从而产生的排斥。家庭对于风险的厌恶程度越高，风险承受能力越低，这一排斥的程度就越高。

（2）供给型排斥

供给型排斥则指金融机构的产品和服务未能有效覆盖某些家庭，从而使得这部分家庭的金融资产配置需求得不到满足的状况。由于导致这一排斥的原因主要在于金融机构等供给方，因而将其称为供给型排斥。对于这一类排斥我们参照前人的研究进一步将其分为地理排斥和营销排斥两类。

①地理排斥

地理排斥指部分家庭所在周围地区没有金融机构营业网点，使得这些家庭难以从正规的金融机构获得直接的金融资产有关服务，例如投资的开户、交易以及投资规划和建议等。家庭所在地区金融机构营业网点数量越少，家庭距离金融机构营业网点的距离越远，这一排斥程度越高。

②营销排斥

营销排斥则指金融机构在产品设计和营销宣传等方面会忽略部分地区和家庭的金融资产需求。随着各类金融机构之间竞争的加剧，金融机构日益重视客户的开发和产品的创新，营销和宣传活动日益增加，例如许多银行或证券公司专门派人去一些公共场所向目标群体进行产品宣传和金融知识教育，并免费提供开户和咨询等服务。但有些群体由于各种原因无法获取金融机构的此类服务，或者是他们没有成为金融机构的目标客户群，从而面临金融机构的营销排斥。

2. 金融资产选择排斥的测量指标

根据前文对于金融资产选择排斥各维度的划分和具体表现，我们设计了如下指标体系，并给这些指标赋予不同的分值，从而可以用于对于家庭的金融资产选择排斥程度进行定量测度，具体如表4-3所示。

（1）认知排斥

从认知排斥来看，我们将依据家庭对于自身财务状况的关注度来判断家庭这一排斥的状况，家庭对于财务状况的关注情况反映了家庭的金融和财务观念，进而可以在很大程度上反映其对于金融资产配置重要性的认识。这一指标的数据来自 CFPS 家庭问卷中对于"财务状况关注度"这一问题的调查，其选项包含五个等级。如果家庭非常关注其财务状况，则认为其不存在认知排斥，将其排斥程度赋值为 1；如果较为关注，则认为其存在轻度的排斥，将其排斥程度赋值为 2；如果家庭关注度一般，则认为其排斥程度一般，赋值为 3；如果家庭不太关注其财务状况，则认为其这一排斥程度较高，并赋值为4；如果家庭很不关注其财务状况，则认为其存在高度排斥，赋值为5。

（2）知识排斥

从知识排斥来看，我们通过家庭的金融知识水平来判断其这一排斥状况，其数据来自 CFPS 家庭问卷中对于家庭"金融知识水平"的自我评价，分为四个等级。如果家庭金融知识水平高于同龄人平均水平，则认为其在这一方面没有受到排斥，赋值为1；如果大约等于同龄人平均水平，则认为受到较低排斥，赋值为2；如果低于同龄人平均水平，则认为家庭在这方面受到较高排斥，赋值为3；如果远低于同龄人平均水平，则认为受到高度排斥，赋值为4。

表4－3　农村家庭金融资产选择排斥测量指标体系

类型	维度	指标	选项	赋分
需求型排斥	认知排斥	财务状况关注度	非常关注	1
			较为关注	2
			一般	3
			不太关注	4
			很不关注	5
	知识排斥	金融知识水平	高于同龄人平均水平	1
			大约等于同龄人平均水平	2
			低于同龄人平均水平	3
			远低于同龄人平均水平	4
	流动性排斥	筹款难度	很容易	1
			比较容易	2
			一般	3
			比较困难	4
			很困难	5
	工具排斥	是否上网	是	1
			否	2
	风险排斥	风险投资选择	高风险和高收益	1
			略高风险和略高收益	2
			低风险和低收益	3
			不愿意承担任何风险	4

续表

类型	维度	指标	选项	赋分
供给型排斥	地理排斥	到本县县城的时间	较短	1
			一般	2
			较长	3
			很长	4
	营销排斥	金融产品信息获取	容易	1
			一般	2
			较难	3
			很难	4

（3）流动性排斥

在流动性排斥方面，我们通过家庭在面临流动性困境时，筹集资金度过这一困境的难易程度来进行衡量，其数据来自 CFPS 家庭问卷中对于家庭"筹款难度"的调查，也分为五个等级。如果家庭很容易筹集到资金，甚至是不会陷入流动性困境，则认为其不会面临这一排斥，赋值为 1；如果比较容易，则表明其面临较低的排斥，赋值为 2；如果难度一般，则表明其面临排斥程度为中等，赋值为 3；如果比较困难，则认为家庭面临这一排斥较高，赋值为 4；如果是很困难，则认为家庭面临高度排斥，赋值为 5。

（4）工具排斥

在工具排斥方面，由于随着信息技术和金融科技的发展，许多的金融交易都通过计算机、手机以及有线或无线网络来完成，因而网络已经成为重要的接触金融服务的工具，所以我们通过调查家庭是否上网来判断这一排斥状况。其数据来自 CFPS 家庭成人问卷中"是否上网"的调查，如果家庭成员可以上网，则他们就具备通过相应的设备和网络接触到金融服务的条件，因而没有面临工具排斥，赋值为 1；如果不能上网，则认为家庭成员不具备通过网络获得金融服务和完成金融交易的条件，因而面临工具排斥，赋值为 2。

（5）风险排斥

在风险排斥方面，我们通过家庭的风险投资偏好以及风险承担意愿来了解其风险厌恶程度，其数据来自CFPS家庭问卷中"风险投资选择"的调查，分为四个等级。如果家庭偏好于高风险和高收益的投资，则认为其属于风险偏好型，因而在金融资产选择中不存在风险排斥，赋值为1；如果偏好于略高风险和略高收益的投资，则认为其存在较低的风险排斥，赋值为2；如果偏好于低风险和低收益的投资，则认为其存在较高的风险排斥，赋值为3；如果不愿意承担任何风险，则认为其存在高度的风险排斥，赋值为4。

（6）地理排斥

在地理排斥方面，由于一般至少在县城里才拥有比较齐全的金融机构，包括银行、证券公司、保险公司等，如果家庭所在地区到县城的时间越短，就越能够方便地接近金融机构营业网点，因而我们用家庭到县城的时间来衡量其地理排斥状况。其指标数据来自CFPS村（居）问卷中对于"到本县县城的时间"的调查，我们将其分为四个等级。如果所用时间在1小时以内，则认为用时较短，不存在地理排斥，赋值为1；如果时间在1—2小时，则认为所用时间长度为一般，存在一定的地理排斥，赋值为2；如果用时在2—5小时，则所用时间较长，存在较高的地理排斥，赋值为3；如果所用时间在5小时以上，则认为用时很长，存在高度地理排斥，赋值为4。

（7）营销排斥

在营销排斥方面，我们通过家庭在选择金融产品时，是否能够搜寻到产品信息并比较各类金融产品来进行判断，其数据来自CFPS家庭问卷中对于"金融产品信息获取"的调查，分为四个等级。如果家庭比较容易获得有关信息，则认为其没有受到营销排斥，赋值为1；如果获得和搜集产品信息的状况一般，则认为其排斥程度一般，赋值为2；如果比较难以获得产品信息，则认为受到较高的排斥，赋值为3；如果很难获得相关信息，则认为受到高度排斥，赋值为4。

3. 金融资产选择排斥的测度方法

上述指标体系中单个指标反映了金融资产选择排斥中每一具体维度的

排斥程度，要反映家庭所受排斥的综合程度，需要采用一定的方法进行综合评价。对此，我们将选择熵值法对此进行客观的评价，这一方法的具体思路如下。

假设有 m 个样本，某个维度包含了 n 个指标，x_{ij} 表示第 i 个样本的第 j 项指标数值（$i = 1，2，\cdots，m；j = 1，2，\cdots，n$），则这些样本的数据矩阵为 $X = \{x_{ij}\}_{m \times n}$。对于某项指标，如果其数值 x_{ij} 差异越大，则该指标在综合评价中所起的作用越大，反之亦然。在这种情况下，就可以利用信息熵

$H(x) = -\sum_{i=1}^{n} p(x_i) \ln p(x_i)$ 来计算各指标的权重，进行综合评价。因为，信息熵反映了系统的有序程度，系统的有序程度越高，则信息熵越大，反之，一个系统的有序程度越低，则信息熵越小，而系统的有序程度实际上就体现在各项指标值的差异程度上。利用这一方法进行评价的具体步骤如下。

（1）指标数值的标准化

采用如下公式，对指标数值 x_{ij} 进行标准化，消除数据度量单位和数据尺度的差异，具体公式如下：

$$p_{ij} = \frac{x_{ij}}{\sum_{i=1}^{m} x_{ij}} \qquad （式4.1）$$

标准化后，数据矩阵变为其标准化后的矩阵为 $Y = \{p_{ij}\}_{m \times n}$。

（2）计算第 j 项指标的信息熵值 e_j

具体公式为：

$$e_j = -k \sum_{i=1}^{m} p_{ij} \ln p_{ij} \qquad （式4.2）$$

其中，k 为大于零的常数，与系统的有序程度有关。如果 x_{ij} 全部相等，此时 $p_{ij} = \frac{x_{ij}}{\sum_{i=1}^{m} x_{ij}} = \frac{1}{m}$，$e_j$ 取极大值，具体值为 $e_j = -k \sum_{i=1}^{m} \frac{1}{m} \ln \frac{1}{m} = k \ln m$，

如果令 $0 \leq e_j \leq 1$，则 $k \ln m = 1$，由此可以得到 $k = \frac{1}{\ln m}$。

（3）计算 j 项指标的差异性系数 g_j

$g_j = 1 - e_j$，对于给定的 j，x_{ij} 的差异性越小，则 e_j 越大；当 x_{ij} 全部相等时，$e_j = 1$，此时对于方案的比较，指标 x_j 毫无作用；当各方案的指标值相差越大时，e_j 越小，即 g_j 越大，该项指标对于方案的比较，作用越大。

（4）计算权数

根据差异系数，利用如下公式计算权数：

$$w_j = \frac{g_j}{\sum_{j=1}^{m} g_j} \qquad （式4.3）$$

（5）计算评价指数

根据权重，利用如下公式可以计算出样本中各个体的评价得分，具体公式为：

$$s_i = \sum_{j=1}^{n} w_j x_{ij} \qquad （式4.4）$$

二、中国农村家庭金融资产选择排斥测度

利用 CFPS 调查 2014 年数据[①]，分别采用上述的两种方法，我们对于中国农村家庭金融资产选择排斥进行了分析和评价。

（一）中国农村家庭金融资产选择排斥的定性分析

基于表 4 - 1 的判断标准和 2014 年 CFPS 调查数据，我们对于中国农村家庭的金融排斥程度进行了定性判断，具体结果如表 4 - 4 所示[②]。

[①] 由于 2014 年数据对于金融资产的种类划分和调查以及各维度的调查数据与我们的研究更为一致，因此采用了该年度的调查数据进行分析。

[②] 由于本次调查中在风险金融资产和定期存款问题上应答家庭数量不同，因此上述比例相加并不等于 100% 。

表4-4　农村家庭金融排斥状况

排斥程度	户数	有效调查户数	比例
未受排斥	48	7213	0.67%
轻度排斥	1217	2495	48.78%
严重排斥	1230	2495	49.29%

　　从表4-4中可以看出，2014年我国农村家庭在金融资产选择中未受排斥的家庭仅占0.67%，即他们可以按照自己的意愿无约束地投资于金融资产尤其是风险资产，而绝大多数家庭（99%以上）都受到一定程度的排斥，其中受到轻度排斥的占48.78%，他们主要通过定期存款等无风险资产进行金融资产投资，受到严重排斥的占49.29%，他们没有持任何能够带来收益的金融资产。可见整体来看，我国农村家庭在金融资产选择方面的排斥状况较为普遍。而从其他金融服务的排斥状况看，根据王修华等（2013）的调查，我国农村家庭储蓄排斥比例为53.1%，信贷排斥比例为88.1%，这些金融服务的排斥都要远远低于金融资产选择排斥。

　　从各地区的比较来看，表4-5给出了分地区的农村家庭金融资产选择排斥状况，从中可以看出，东部地区未受排斥家庭比例为1.06%，而中部和西部地区分别为0.53%和0.34%，东部地区大约是中部和西部地区的2倍和3倍。从轻度排斥来看，东部地区比例为53.2%，中部和西部地区则为46.9%和44.9%，东部地区要明显高于中部和西部地区，而严重排斥状况，东部（43.9%）则要显著低于中部（51.7%）和西部（53.9%）。可见，从区域差异来看，东部地区的排斥状况要低于中部和西部地区，表现在东部地区未受排斥和轻度排斥家庭占比要高，严重排斥的家庭占比则低。而中部和西部地区则相差不大，中部地区略优于西部地区。

表4-5　分地区农村家庭金融资产选择排斥状况

排斥程度	东部	中部	西部
未受排斥	1.06%	0.53%	0.34%
轻度排斥	53.2%	46.9%	44.9%
严重排斥	43.9%	51.7%	53.9%

综上所述，我国农村家庭的金融资产排斥状况较为严重，其排斥的状况要高于储蓄和信贷等金融服务的排斥，表明许多农村家庭未能有效地将财富进行合理的金融资产配置。同时，这一排斥也呈现出一定的区域差异性，东部受到的排斥要低于中部和西部地区，而中部和西部地区的排斥状况则相差不大。

（二）中国农村家庭金融资产选择排斥的测度

1. 各排斥维度的农村家庭分布

利用 CFPS 2014 调查数据和表 4 - 3 的指标体系，我们首先对于农村家庭在各排斥维度的分布情况进行分析，具体情况如表 4 - 6 所示①。

表 4 - 6 的数据为我国农村家庭各维度排斥的频数分布情况，由于部分排斥中，有效数据较少，为了增强代表性，我们使用 CFPS 数据中提供的权数进行加权推断，从而可以起到增大样本、提高抽样代表性的作用，表中数据即为加权后的推断结果。

表 4 - 6　农村家庭金融资产选择排斥各维度状况

排斥维度 ＼ 排斥程度	1	2	3	4	5	有效调查户数
认知排斥	31. 19%	24. 01%	25. 82%	10. 06%	8. 92%	238
知识排斥	4. 14%	39. 68%	42. 98%	13. 19%	—	246
流动性排斥	9. 14%	15. 42%	30. 81%	22. 21%	22. 42%	249
工具排斥	36. 25%	63. 75%	—	—	—	6686
风险排斥	0. 81%	36. 67%	10. 91%	51. 6%	—	246
地理排斥	64. 7%	17. 59%	5. 05%	12. 67%	—	6338
营销排斥	47. 85%	29. 98%	8. 48%	13. 69%	—	191

从中可以看出：在认知排斥方面，有 31. 19% 的家庭非常关注家庭的财

---

① 在这部分的有关问题调查中，由于应答的家庭尤其是农村家庭数量较少，因此有效观测值较少，且各维度的有效观测值也不完全一致。

务状况，能够清楚地认识到金融和财务决策对于家庭的重要性，未受到这一排斥，另有24.01%的家庭对于家庭财务状况和决策较为关注，排斥程度较低，而排斥程度较高（排斥程度为4和5）的家庭占比为18.98%。可见，多数农村家庭能够在一定程度上认识到金融决策的重要性。

从知识排斥看，仅有4.14%的家庭认为其金融知识高于平均水平，即比较熟悉金融知识，可以认为未受排斥，排斥程度为1，有39.68%的家庭金融知识约等于平均水平，即对于金融知识的了解程度一般，面临一定的排斥，而排斥程度较高（排斥程度为3和4）的家庭占比为56.17%。可见，多数农村家庭存在一定的知识排斥。

从流动性排斥看，很容易筹集到资金，即未受约束的家庭占9.14%，受到较低程度约束（排斥程度为2和3）的占46.23%，而受到较高的排斥（排斥程度为4和5）的家庭占44.63%。可见，大多数农村家庭都面临一定程度的流动性排斥，从而影响他们的金融资产配置的资金状况。

从工具排斥看，约有36.25%的农村家庭可以上网，可以认为具备使用互联网获得金融服务和从事金融交易的条件，因而没有面临工具排斥，而不能上网的家庭则占63.75%，这些家庭面临一定的工具排斥。

从风险排斥看，仅有很少的农村家庭（0.81%）为了获得高收益而愿意承担高风险，而有36.67%的家庭愿意承担适度的风险，愿意承担较低风险的家庭为10.91%，而不愿意承担任何风险的家庭占据较大比例，为51.6%。可见，整体而言，多数农村家庭的风险承担意愿较低，由此会使得他们不愿意进行风险金融资产投资。

从地理排斥看，随着交通工具和设施的发展，农村家庭距离县城的时间也大大缩短，许多家庭可以在较短的时间到金融机构营业网点办理业务，从表4-6可以看出，大多数农村家庭（64.7%）受到的地理排斥较低，地理排斥较为严重（排斥程度为3和4）的家庭占比为17.72%。

从营销排斥看，有47.85%的家庭能够获得有关金融产品的信息，受到的营销排斥较低，有22.17%的家庭在选择金融产品时比较难以获得相关产品的信息（排斥程度为 3 和 4）。

通过上述各排斥维度来看，农村家庭面临的知识排斥、风险排斥和流动性排斥情况较为严重，而传统的地理排斥，随着经济和社会的发展已经逐渐地降低。为了进一步分析各维度的排斥状况，需要具体计算出各维度的排斥水平。

2. 各维度的整体排斥程度

基于上述排斥维度和熵值法，我们计算了样本家庭的各维度排斥水平以及综合排斥程度，表 4-7 给出了平均排斥水平的估计情况，为了克服有效样本少的缺陷，提高这些统计指标的代表性，从而更好地进行统计推断，表中的数据都是进行加权计算后的结果，权数同样来自 CFPS 家庭经济数据库。

表 4-7 各维度排斥的平均水平

排斥维度	均值	标准差	置信下限	置信上限	最小值	最大值	观测值
认知排斥	2.41	0.09	2.23	2.59	1	5	238
知识排斥	2.65	0.1	2.44	2.86	1	4	246
流动性排斥	3.33	0.11	3.11	3.55	1	5	249
工具排斥	1.64	0.02	1.6	1.67	1	2	6686
风险排斥	3.13	0.14	2.86	3.41	1	4	246
地理排斥	1.66	0.1	1.46	1.84	1	4	6338
营销排斥	1.88	0.16	1.57	2.19	1	4	191

表 4-7 第一列反映了各维度排斥的平均水平的点估计，第二列为其抽样平均误差，第三列和第四列为置信水平为 95% 的置信区间下限和上限，第五列和第六列为最小值和最大值。平均水平越接近最大值，表明受到的排斥程度越严重。从中可以看出，整体而言，农村家庭面临的地理排斥程度最低，其次是营销排斥和认知排斥，而知识排斥、流动性排斥和工具排斥程度较高，风险排斥程度最高。具体分析如下。

在地理排斥方面，样本家庭平均水平为 1.66，接近于 1，表明整体而言，农村家庭几乎不存在地理排斥，原因在于随着交通的发达和便利，以及金融机构营业网点的增加和金融基础设施建设的完善，农村地区居民也可以方便地接触到金融机构的物理网点。

在营销排斥方面，样本家庭的平均排斥水平较低，为1.88，也比较接近其最小值，表明农村家庭在金融产品选择和决策时，比较重视对于金融产品信息的搜集和比较，许多家庭都能够通过各种渠道获得相关信息。

在认知排斥方面，样本家庭平均排斥程度为2.41，略低于中间水平3，表明整体来说，农村家庭对于家庭金融决策的重要性具有一定的认识，也比较关注家庭的财务和金融状况。

就知识排斥、流动性排斥和工具排斥而言，样本家庭平均排斥水平都要略高于中间值，其估计的置信区间下限也接近或高于中间值，表明农村家庭在这几方面的排斥较高。具体来说，知识排斥平均值为2.65，略高于中间值2.5，而其置信下限为2.44，和中间值大体接近，表明农村居民对于金融知识还不够了解，从而制约了他们的金融需求和决策。从流动性排斥来看，平均水平为3.33，置信下限为3.11，都高于中间值3，表明农村家庭在金融资产选择中受到的资金和流动性制约较为严重。从工具排斥来看，平均水平为1.64，置信下限为1.6，也都高于中间值1.5，说明许多农村家庭还不具备获取金融服务和从事金融交易的硬件和软件条件。

从风险排斥来看，样本家庭平均排斥水平为3.13，其置信下限为2.86，都明显高于中间值2.5，表明农村家庭的整体风险厌恶程度较高，许多农村家庭不愿意承担投资的风险，因而影响了金融资产的配置意愿。

3. 综合排斥程度

根据各维度排斥水平的数据，利用前文介绍的熵值法计算了农村家庭的综合排斥水平，表4-8给出了相关的数据①。

---

① 由于CFPS在部分维度的有关调查中数据缺失（家庭没有应答）较多，最后整理出所有维度都没有缺失值的有效样本家庭数量相对较少，由此会影响计算结果的代表性，对此同样通过加权推断来降低其影响。

表4-8　金融资产选择综合排斥程度

维度	均值	标准差	置信下限	置信上限	最小值	最大值	观测值
需求排斥	2.57	0.08	2.4	2.73	1.13	4.15	227
供给排斥	1.76	0.19	1.38	2.14	1	4	68
综合排斥	2.18	0.09	1.99	2.36	1.07	3.44	68

表4-8给出了需求排斥、供给排斥和综合排斥程度的均值、抽样平均误差、95%的置信区间，以及极值情况。从表中可以看出，样本家庭面临的需求排斥程度平均为2.57，置信下限为2.4，而需求排斥的可能最大值为4.15[1]，从三者的对比可以看出，我国农村家庭的需求排斥程度接近中间值，表明农村家庭的需求排斥偏高，而从其标准差来看，标准差较小，区间估计的区间范围也比较窄，说明各农村家庭需求排斥方面的差异并不是太大。从供给排斥来看，样本家庭平均的排斥程度为1.76，这一数据接近于排斥的最小值1，表明在金融资产选择中，农村家庭面临的供给排斥并不严重。但其标准差和区间估计范围相对较大，表明在供给排斥方面，尽管总体排斥水平较低，但家庭之间还存在一定的差异，有些家庭可能面临的排斥较高。总体而言，从需求排斥和供给排斥的对比可以看出，我国农村家庭在金融资产选择排斥中占主导的是需求排斥，由于供给方面因素导致的排斥程度较低。

表4-8最后一行给出了综合排斥的数值，样本家庭的综合排斥平均水平为2.18，其最大值为3.44，二者对比可以得知，综合来判断，农村家庭在金融资产选择中面临着较高的排斥，正是由于这些方面的排斥，使得农村家庭在金融资产的选择中受到制约和约束。

---

①　如果某一家庭在各维度都面临最严重的排斥，依据熵值法计算出该家庭的排斥程度即为可能的最大排斥程度。

三、中国农村家庭金融资产选择排斥的成因

农村家庭为何会面临着较高的金融资产选择排斥，这与农村、农业和农民的特点有关，因此这一排斥的形成是内生的。对此，我们结合金融资产决策过程、金融资产排斥各维度的划分和农村家庭特点予以分析。

（一）家庭金融资产选择决策过程

如同普通消费品的购买行为一样，金融资产选择实际上体现了家庭在金融产品和服务这一特殊消费品方面的购买和消费，因而它与其他产品的购买决策一样，也可以分为需求识别、信息搜集、投资决策和投资评价等四个阶段，具体如图4-1所示。

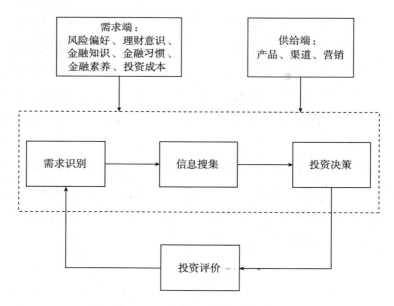

图4-1 家庭金融资产决策过程

1. 需求识别

第一阶段是需求的识别，即家庭产生对于金融资产的配置需求，而产

生这一需求的动机主要来源于家庭对于自身财产增值和收益的追求，同时也会考虑到财产的安全性和流动性。马斯洛的需求层次理论将人的需要分为生理、安全、社交、尊重和自我实现五个层次，而家庭对于财产安全和增值的需要，属于第二层次的安全需求，是除生理需求外最基本的需要。从这个意义上来说，对于资产配置的需求应当是每个家庭都具有的潜在需求，金融资产则是满足这一需求的重要手段和途径，但只有当家庭受到内部或外部刺激的情况下，这一潜在需求才会被唤醒，从而形成实际的需求。

内部刺激主要与家庭自身的特性有关，即不同家庭所具有的异质性特征，反映在投资动机、风险偏好、金融知识的掌握、金融习惯、金融素养以及家庭的财富、收入等经济状况等方面。投资动机反映了家庭追求自身财富增长这一目标的强烈程度，投资动机强的家庭，内部刺激及对于家庭财产进行合理配置的欲望更强，更容易产生投资需求。此外，不同于普通消费品的购买，金融资产的选择具有更普遍的风险性，因而风险偏好是在分析家庭金融资产选择时要考虑的首要因素。风险厌恶程度高的家庭更愿意选择持有安全性较高的无风险资产，风险资产参与倾向和参与程度都较低；相反，风险厌恶低的家庭愿意承担较高的风险损失，因而愿意投资于风险资产，以期获得更可观的收益。而家庭的性别、年龄、职业、教育等特征则通过影响家庭风险偏好进而影响家庭的资产配置。同时，金融资产的选择具有一定的专业性和技术性，需要具备相应的金融知识，较高的金融素养，才能更好地作出投资决策，降低投资的风险，并获得合理的收益，因而家庭金融知识和金融素养状况也对于其金融资产选择的需求具有决定性的影响。仅有资产配置的意愿和欲望是不够的，家庭的金融资产配置还需要有一定的资金支持，家庭通常都是将闲置的资金进行投资，从而提高资金的利用效率，而家庭资金状况与其收入和财富密切相关。

综上所述，投资动机和风险偏好决定了家庭的金融资产选择的欲望，而金融知识和金融素养影响其投资能力，收入和财富决定其投资规模，只有三者合一，才可以形成实际的金融资产配置需求。

除内部刺激外，对于金融资产的需求也可以通过外部刺激来产生，这些外部刺激包括参照群体的示范效应、金融机构的营销策略和活动等。参照群体指作为人们比较观点、价值观和行为的信息源的群体，人们的消费行为总是强烈地受到他人想法和行为的影响，在金融资产选择中也是如此，例如：当看到他人在股市上获得高额的收益时，自己也会产生入市的想法；相反，看到他人亏损，则可能会放弃进入股市的打算。此外，金融机构的宣传和营销活动，可以提供相关金融产品的有关信息，帮助家庭更好地了解相关的金融知识，从而也会对于金融资产需求产生一定的刺激。尽管外部刺激也会影响金融资产需求，但产生决定作用始终是家庭自身的因素，外部刺激需要与内部因素结合才能发挥作用。

从潜在的金融资产投资需求到实际的需求，还需要经过投资者心理状态和刺激方向的相互作用和强化。投资者的心理状态对于其是否选择某一金融资产进行投资具有重要的影响，包括投资态度和需求标准两个方面。投资态度包括投资的认知、情绪偏好和投资倾向，投资认知指投资者对于投资标的、投资方式和途径、投资费用乃至提供金融资产和服务的金融机构等方面的认识和了解；情绪偏好指投资者对于金融机构或者政府等金融产品和服务提供者与监管者的主观好恶；投资倾向指投资者的投资意念的强弱，它可以激发投资者对于金融资产投资的注意，反映投资者投资态度的坚定性。需求标准是投资者判断某种金融资产是否值得投资的重要标准，例如参与成本和交易成本是否合理、预期收益是否具有吸引力、投资期限是否合适等。一般而言，投资者的心理状态在内外刺激的作用下促进家庭投资需求的产生和强化，并对其投资决策产生重要影响。

2. 信息搜集

第二阶段是有关信息的搜集。当家庭在受到内部或者外部刺激产生对于某种金融资产配置需求后，下一步就需要通过正式或者非正式的途径来获取有关的投资信息，这些信息包括投资需要的准备、投资的费用、预期的收益和风险以及金融机构的服务质量等。通常，在消费决策中，家庭信息的来源主要有以下四个方面：个人来源，指与家庭成员有密切联系的个体，如亲戚、朋友、邻居、同事等，信息的获取方式主要是通过与这些群体之间的人际沟通和交流；商业来源，主要是企业的营销宣传，包括各种媒体广告、宣传单页、人员的推销等；公共来源，如大众媒体、消费者组织等的宣传；经验来源，如使用过产品的经历等。而在金融资产选择中，信息来源主要是个人来源和商业来源。家庭从这些来源获得信息，有被动和主动两种方式，被动指家庭在没有投资需求以前，通过与他人交流或者金融机构宣传而了解的信息，这些信息是片面的、模糊的，由于此时家庭没有投资的打算，因而对于这些信息的关注度很弱，难以得到保持，很容易被遗忘或者忽略。主动的信息获取指家庭产生投资需求后，主动通过各种途径去搜寻有关信息，并唤起对于相关的被动信息的记忆，从而为家庭的金融资产选择决策提供依据。

在信息搜集过程中，由于金融机构之间的差异化竞争，其提供的金融服务尽管具有高度的同质性，但在具体的费用和价格等方面也存在一定的差别，因而家庭也需要多方面搜集不同金融机构的金融产品和服务信息，以便进行比较和选择。

3. 投资决策

第三阶段是投资决策的选择。家庭金融资产选择决策的作出是家庭投资过程中最为重要的一个环节，在决策过程中，家庭需要对于有关投资信息进行认真的筛选和加工处理以及理性的分析，并将投资的费用和预期收益率与家庭可以接受的水平进行对比，进而作出是否选择金融资产，以及选择何种金融资产的决策。

不同于普通消费品的消费决策，金融投资决策具有较高的技术性、专业性和复杂性，而且一旦作出错误的决策，给家庭带来的损失以及机会成本也比一般的消费品更为严重。因而在金融资产选择决策中，家庭必须尤为慎重，并要求家庭成员具备一定的金融素养。金融素养指个体对于金融术语和金融问题的理解能力，包括金融知识、态度、行为和技能等，良好的金融素养能够提高家庭的金融决策水平，降低错误决策的概率，促进家庭对于金融市场的参与。

不同的金融资产具有不同的特征，因而对于家庭金融素养、专业知识和技能的要求也存在差别。由于无风险资产的风险接近于零，因而只需要投资者了解基本的概念，例如收益率、通货膨胀率、风险等，然后比较不同类型和不同金融机构的金融产品，就可以作出合理的选择。对于股票和基金投资，需要投资者了解投资的步骤和程序、投资费用的构成、交易的方式，更重要的是要掌握一定的投资技术和分析方法，包括宏观经济形势分析、企业财务分析、行情分析等，因而对于投资者的金融素养要求比较高。

在金融资产投资决策中，分散化投资是较为理性的投资方式，由于不同类型的金融资产风险和收益的不确定性，同时投资于多种类型的金融资产可以让投资者摆脱对于某一类型的投资品种的依赖，在确保预期投资收益率的同时，将投资风险控制在一个可承受的水平。而分散化投资决策需要家庭对于各种金融资产的特点、投资方式、风险和预期收益率都有明确的了解，并具备较强的投资分析能力和技术以及相应的投资策略，因而对于投资者的金融知识和能力要求更高。

总之，在投资决策过程中，家庭需要具备一定的金融素养，掌握相关的金融知识和投资技巧，只有这样，才能有效地处理和分析各种投资信息，并作出理性的投资决策，包括是否投资金融资产，投资于何种金融资产，乃至在风险资产中选择购买哪只股票或者基金等。

4. 投资评价

第四阶段是投资的评价。即家庭在完成某种金融资产投资后，对于投资结果的评价，而其主要的依据就是投资的收益率，家庭对于以往投资行为和结果的评价，会影响其投资的心态，进而影响其将来的投资行为。成功的投资经历会对家庭投资行为产生正的强化和刺激，从而可以促进和提高其金融资产选择的需求，而失败的投资经历则会产生负的激励，会使得家庭减少相关的金融资产需求，甚至放弃这一需求。

从以上分析可以看出，在家庭金融资产选择决策前，需要经历需求的识别和信息的搜集两个阶段，而家庭要作出合理的投资决策，需要其具备一定的金融素养和投资知识与技能，而在投资后，家庭会根据实际收益与预期收益的比较，形成投资的评价，并会影响以后的投资需求的形成，从而形成一个循环，良好的投资结果会刺激以后的投资需求，反之，失败的投资则会抑制投资需求。

（二）家庭金融资产选择排斥的影响因素

根据前文的分析，可以看出，家庭金融资产的选择决策，从需求的形成到决策的完成和执行，是多种因素共同发挥作用的结果，这些因素可以归纳为需求端和供给端两方面（如图 4 - 1 上方所示），如果其中有某一因素受到制约，或者某一条件不具备，都会在一定程度上抑制家庭金融需求的形成以及金融决策的产生，进而导致前文所分析的需求型排斥或供给型排斥。

1. 需求端

需求端主要包括以下几个方面：一是家庭对于自身财富增长的追求，对金融资产配置重要性的认识和投资理财意识，这些因素影响家庭金融资产投资的动机。如果家庭追求财富增值的欲望越强烈，并且对于金融资产配置在家庭财产管理中的作用有着深刻的认识和深切的体会，则家庭受到的内部刺激越强，就越有动机将家庭财富配置在金融资产方面，从而越容易产生对于金融资产的需求。反之，如果家庭的投资理财意识淡薄，对金融资产及其对于家庭财富管理中的重要性不了解，则其产生金融资产投资需求的动机就弱，从而产生认知排斥。

二是家庭的风险偏好。由于金融资产投资具有一定的风险性，对于那些风险厌恶程度较高的家庭，不愿意为了一定的收益而承担较高的风险，因而不打算投资于金融资产尤其是风险资产，从而这些家庭对于金融资产的需求较弱，容易产生风险排斥。反之，风险承受能力强的家庭，则可能更愿意将资产配置在风险资产中，以期获得较高的收益。

三是家庭的金融素养和金融知识。由于金融资产尤其是风险资产的投资较为复杂，具有较强的专业性和技术性，需要充分搜集各种有关的信息，并进行理性的分析，然后才能作出适当的决策，否则一旦决策失误，就会使家庭财产遭受损失。因而要求家庭掌握相关的投资知识和技术，或者具备较强的学习相应知识和技能的能力，即金融素养。如果家庭不具备相应的金融知识，就难以作出合理的金融资产投资决策，从而产生知识排斥。

四是家庭的金融习惯。金融习惯指家庭利用金融产品和服务来方便和提高自身生活的习惯，具有良好金融习惯的家庭知道如何合理地利用各种金融工具，来保证家庭资金的安全，提高资金的利用效率，避免资金的闲置和浪费，因而更有可能将闲置的资金投资于金融资产以获得适当的收益。而有些地区的家庭由于风俗习惯或者家庭自身心理原因，缺乏使用金融产品和服务的习惯，因而也缺乏金融资产配置的需求，例如维吾尔族人缺乏储蓄的观念，挣多少花多少，因而很少有存款的需求，更不用说风险资产的配置需求。

五是家庭对于投资成本的感受。金融资产投资的成本包括固定成本和变动成本，固定成本主要是为了进行投资而在金融机构开设相关账户的费用，变动成本指与投资有关的中介费用、交易费用和税费等。家庭在进行投资决策时，需要权衡预期的收益和成本，如果觉得投资成本较高，可能就会放弃对于金融资产的需求。

2. 供给端

供给端主要指金融机构在金融服务供给、产品营销和创新、硬件设施建设中存在的影响家庭金融资产需求和投资决策的因素。主要包括以下几点。

投资渠道。投资渠道包括两方面，一是投资的途径，即家庭产生投资需求后，必须能够通过一定的方式或手段购买到所要投资的资产；二是投资的服务，包括咨询、建议和理财规划等方面，这些服务可以帮助家庭更为理性地作出投资的决策。因而金融机构投资渠道的建设能够给家庭提供更好的金融服务，不仅能够满足家庭投资需求，还能够产生外部刺激，促进家庭金融资产投资需求的产生，这体现在金融机构网点设置、服务范围和人员配置等方面，如果金融机构的投资渠道不能覆盖部分家庭，则这些家庭就可能会面临地理排斥。

金融产品的设计和创新以及营销宣传。不同群体和家庭在投资需求方面的特征不同，因而金融机构在投资产品和服务创新时，需要考虑不同家庭的偏好、资金状况和需求，提供不同风险和收益等级的投资品种，这样不仅可以满足家庭的投资需求，还可以刺激家庭投资需求的形成。同时，家庭投资决策的形成需要信息的支持，也需要了解一定的金融知识，而金融机构的宣传和促销活动是家庭获得有关投资信息的重要来源，同时还能够起到传播金融知识、强化对于投资者教育的作用，有助于提高投资者的金融知识和素养，养成良好的金融习惯，从而刺激金融资产投资需求的产生。而如果家庭在产品设计和营销宣传中忽略了部分群体的需求，或者制订较高的门槛，就会产生营销排斥或者条件排斥。

（三）农村家庭金融资产选择排斥的内生性

根据前文的分析，家庭金融资产决策需要具备一定的需求和供给条件，否则就会带来各维度的排斥。然而，由于农村、农业和农村家庭的特点，上述因素和条件在农村地区和家庭中大多都不具备，使得农村家庭的金融资产选择需求和行为受到了较为严重的限制和约束，从而导致农村家庭金融资产选择排斥的产生，即农村家庭这一排斥的形成是内生的。对此，我们根据上一节的内容，从需求端和供给端，结合农村经济、社会和农民的特点对农村家庭金融资产选择排斥形成的原因进行分析，如图 4 - 2 所示。

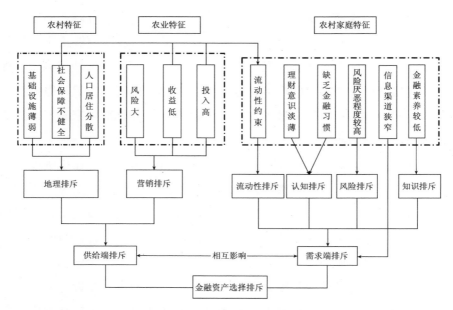

图4-2 农村家庭金融资产选择排斥的内生性

1. 需求排斥

从需求方面来看，农村家庭是农村地区金融资产和服务的需求主体，由于受到传统农业生产方式和小农经济思想的影响，在金融资产选择的影响因素中，农村家庭通常呈现出以下特征，使得其金融资产选择的需求面临着认知排斥、流动性排斥、风险排斥和知识排斥。

（1）农村家庭可以支配的资金或者闲置资金有限，面临流动性约束，从而产生流动性排斥。家庭对于金融资产的投资和选择需要相应的资金支持，资金的主要来源是家庭的可支配收入，而农村家庭以农业生产经营为主，农业特征决定了其可以支配的资金规模较小。

农业生产经营具有如下特征：一是投入高。农业生产经营需要投入一定的资金用于购买农业生产资料，而随着农业生产对生产资料依赖的加深和生产资料价格的上涨，农村家庭的生产性投入也在不断增加。农业生产投入的增加，一方面使得农业经营的成本增加，降低了农业利润；另一方面，由于农村家庭要预留一部分资金用于生产经营投入，因而会相对降低其可以用于消费和投资的资金规模。二是风险大。农业生产面临自然风险和市场风险的双重影响，一方面，自然灾害会对于农业的产出具有极大的影响，因而面临着严重的自然风险；另一方面，由于农业生产和农产品供给的季节性和周期性，农民对于市场信息反应的滞后，以及其他因素影响，我国农产品市场价格具有较大的波动性，从而使得农业生产市场风险也较大。三是收益低。高风险通常伴随着较高的收益，然而对于农业生产却并非如此，尽管面临较大的经营风险，我国农村居民并没有获得与风险相匹配的报酬，农产品的收益普遍较低，且增长缓慢。原因在于农村家庭经营的农产品多是初级产品，位于产业链的最低端，其收购价格与市场价格存在一定的差别，使得即使在农产品价格行情较好的情况下，农民的收益也并不会出现较大的增加，而在行情差的情况下，农产品收益会大幅度减少。

农业生产经营的特征使得农民的收入较低，有限的收入既要满足家庭的生活和消费需要，负担子女的教育费用，还要用于逐渐增加的农业生产经营投入，因而他们可以用于支配的闲置资金较少，面临流动性约束。此外，农村的社会保障制度仍然不够完善，农村家庭还需要预留一部分资金用作养老和医疗的预防支出，这会进一步挤压他们可以用于金融资产尤其是风险资产投资的资金，从而制约了其金融资产投资需求，形成流动性排斥。

（2）农村居民风险厌恶程度较高，从而导致风险排斥。从农民的风险偏好来看，农村居民偏好稳定，不愿意承担风险，这体现在他们生产和生活的各个方面。例如在农业生产经营过程中，许多农民只求稳定，不求改变和创新，即使种植的农作物收益长期较低，也不愿意尝试其他农作物的种植，或者新的农业经营模式。农民对于风险的高度厌恶与农村社会和农业生产特征都具有密切的联系。从农村社会来看，我国农村地区较为封闭，开放程度不够，缺乏与外界的交流，传统观念和小农思想对于农民的影响根深蒂固，因而使得农村居民容易满足，对于风险的态度较为保守。从农业特征看，由于农业生产本身具有很高的风险，因而会降低农民对于其他风险的承担意愿。

农村家庭风险厌恶程度较高，而金融资产通常具有一定的风险，因而许多农村家庭不愿意持有金融资产，尤其是股票等风险金融资产，从而缺乏对于此类资产的需求，形成了风险排斥。

（3）金融素养较低，从而面临知识排斥。金融素养反映了个体对于金融知识的了解和学习能力，而对农村居民而言，他们的教育水平普遍偏低，尤其是作为家庭主要劳动力的农民，其年龄多在25—60岁之间，大多数只受过初中或小学教育。由于教育水平较低，农民的认知能力和学习能力不高，使得农民在有关金融知识和技能的学习中受到限制，难以掌握基本的金融知识及金融服务操作流程和方法，使得农村家庭的金融素养较低。由于金融素养低，使得许多农村家庭对金融资产尤其是风险资产投资缺乏了解，不具备投资的知识和技能，也难以通过学习掌握这些知识和技能，出于对陌生事物的排斥心理，这些农村家庭会因此不愿意投资股票、基金等风险金融资产，从而产生知识排斥。

（4）理财意识淡薄。由于受到农村传统观念的影响，以及金融知识的缺乏，农村居民对于家庭财富进行规划和管理的意识较为淡薄。由于缺乏理财意识和观念，许多农村家庭不能够将其资金进行合理配置，忽视了金融资产的选择，形成认知排斥。

（5）信息渠道狭窄。由于具有较高的复杂性和风险性，家庭在金融资产选择决策中，需要充分了解有关的信息，而我国农村地区相对较为封闭，农村家庭获取信息的渠道较为狭窄，农村居民能够获得的信息也较为单一，主要是与农业生产经营有关的信息。此外，掌握有关信息后，还需要对这些信息进行详细的分析和处理，而农村居民也缺乏足够的信息分析能力，由此使得农村家庭的金融资产需求受到抑制。

（6）缺乏金融习惯和现代金融模式的使用。合理地利用金融产品和服务可以极大地方便家庭的生活，提高家庭资金的利用效率，并有助于提升家庭的福利水平。随着信息技术的发展，金融机构越来越倾向于利用ATM

机、手机和网络等方式进行交易，从而降低服务成本。而多数农村地区居民一方面缺乏金融习惯，不会通过金融工具的使用提高家庭的效用，因而也不知道通过金融资产配置提升家庭财富水平。另一方面也缺乏对电子移动支付、互联网金融等现代金融模式的了解和使用，仍然习惯去营业网点办理业务，购物时喜欢直接支付现金等，从而使得他们将自己排斥在各项金融服务之外，包括金融资产的选择和配置。

2. 供给排斥

从供给方面看，出于市场竞争和利润最大化的动机，金融机构容易忽略农村家庭的金融需求及农村地区金融产品和服务的供给，从而使得农村家庭即使有金融资产配置需求，却难以获得相应的服务，从而形成供给端排斥。

具体来看，金融机构在提供金融产品和服务时主要考虑以下几种因素：一是提供金融产品和服务的成本，包括营业网点建设成本、人工成本、资金成本等；二是提供金融产品和服务的收益，如贷款利息收益、提供金融服务的中介收入等；三是提供金融产品和服务的风险，主要是贷款违约风险。同时还要结合自身的定位、发展战略和营销策略等因素。

从成本来看，对于金融机构来说，在农村地区建设营业网点的固定成本与城市大致相当，甚至更低，但农村地区基础设施建设较为落后，地理位置距离中心城市较远，人口居住较为分散，交易数量和交易额较少，使得在农村地区提供金融服务的平均成本较高，因而导致金融机构在农村地区的网点数量较少，而且以商业银行为主，基本没有证券和保险机构的网点，从而面临地理排斥。而且从金融机构提供的服务范围看，许多网点仅仅提供基本的存取款和转账等服务。由于缺乏金融机构营业网点，以及提供的服务较为单一，使得农村居民难以获得全方位的金融服务，包括金融资产尤其是风险资产的投资，从而面临营销排斥。

从收益来看，金融机构的收益主要取决于交易的资金规模，而由于农业的高风险、低收益，使得农村家庭收入较低，缺乏充足的可以自由支配的闲置资金，因而其金融需求尤其是投资需求的规模较小，使得金融机构在产品的设计和营销中往往忽略农村家庭的需求，从而使得他们被排斥在金融机构产品的营销目标之外，也产生营销排斥。例如商业银行的理财产品，主要针对富裕客户群体，对于资金有较高的门槛要求，而大多数农村家庭不具备这些资金；而在证券公司的营销活动中，更没有去农村地区进行开户和有关投资知识的宣传。

3. 供给排斥和需求排斥的交互影响

综上所述，由于农村、农业和农民的特征，使得农村家庭的金融资产需求受到抑制，从而产生需求端排斥。而金融机构追求利润最大化的动机，使得它们在提供金融产品和服务时将农村地区排斥在外，导致农村家庭在金融服务获取中面临困难，从而产生供给端排斥。

这两类排斥是相互影响的，农村家庭的资金短缺、金融素养不高、金融知识的缺乏、投资意识的淡薄、信息的封闭使得他们缺乏对于金融资产选择的需求。而由于缺乏这一方面的需求和资金，金融机构在提供产品和服务，以及营销宣传时就会将农村家庭排斥在外，形成了供给排斥。金融机构是农村家庭学习金融知识、获取金融信息和提高金融素养的重要渠道，其排斥进一步制约了农村家庭金融素养的提高和信息的获取，甚至强化了他们即使有需求也得不到满足的心态，从而加深了其需求端的排斥，最终形成恶性循环。

第五章　社会资本对农村家庭金融资产选择及排斥的影响机制

由于农村家庭自身特征，使得其金融资产选择需求受到了抑制，从而影响了其金融资产尤其是风险资产的配置。而由于农村社会的特殊性，社会资本对于农村居民行为有着重要的影响，对此本章在前文对于社会资本概念进行界定、社会资本对于农户经济行为影响研究进行梳理和金融排斥成因进行分析的基础上，考虑社会网络、信任和互惠三个方面，从理论角度分析它们对于农村家庭金融资产选择及排斥的影响途径和机制。

一、社会资本与家庭金融资产选择的理论模型

（一）模型假定

根据第二章的概念界定，我们研究的社会资本包括社会网络、信任和互惠三个方面，为了从理论上推导社会资本对于家庭金融资产选择的影响，我们参照吉索等（2008）的理论框架，将这三个因素引入到理论模型中进行分析。简单起见，模型中假定投资者仅有两种资产可以选择，一种风险资产和一种无风险资产，投资者的决策是单期的，风险资产投资的单位成本为 c，包括参与成本、交易成本和信息搜集成本等，无风险资产的投资成本为 0，其收益为 r_f。

对于风险资产而言，其风险来自两方面：一方面是该资产的投资收益

是无法预测的，即收益率 $\tilde{r}$ 是不确定的，投资者投资于该项资产，可能获得较高的收益，也可能遭受损失，这一收益率服从于正态分布，即 $\tilde{r} \sim N(\bar{r}, \sigma^2)$，其中 $\bar{r} > r_f$。另一方面，由于信息的不对称，投资者在投资过程中还面临着被欺骗的可能性，例如在股票市场中存在的企业财务造假行为，基金投资中面临的老鼠仓和理财产品骗局等，令这一事情发生的概率为 p，p 是投资者的主观概率，其数值大小是由投资者自身来判断的，而一旦发生欺诈事件，投资者不仅不会获得收益，反而会损失其全部的投资。

假定投资者的效用函数为指数效用函数，即 $U(X) = -e^{-\theta X}$，θ 为风险厌恶系数。给定投资者的初始财富水平为 W，风险资产的投资比例为 α，则无风险资产的投资比例为 $1 - \alpha$。当投资者投资于风险资产，受到欺骗时，其仅能获得无风险资产部分的投资收益，即收益为 $(1 - \alpha)r_f W$，其效用为 $U[(1 - \alpha)r_f W]$。当没有受到欺骗时，收益为 $\alpha(\tilde{r} - c)W + (1 - \alpha)r_f W$，预期效用为 $EU[\alpha(\tilde{r} - c)W + (1 - \alpha)r_f W]$。由于投资者被欺骗的主观概率为 p，因而其总效用为

$$(1 - p)EU[\alpha(\tilde{r} - c)W + (1 - \alpha)r_f W] + pU[(1 - \alpha)r_f W]$$

投资者的投资决策就是选择最优的 α，以使其预期效用最大，即

$$\underset{\alpha}{Max}\{(1 - p)EU[\alpha(\tilde{r} - c)W + (1 - \alpha)r_f W] + pU[(1 - \alpha)r_f W]\}$$

（式5.1）

代入指数效用函数，可以将式5.1变为：

$$\underset{\alpha}{Max}\{(1 - p)Ee^{-\theta[\alpha(\tilde{r} - c)W + (1 - \alpha)r_f W]} + pe^{-\theta(1 - \alpha)r_f W}\} \quad （式5.2）$$

（二）社会网络、信任和互惠的引入

为了分析社会网络、信任和互惠对于风险投资的影响，需要将这三个因素引入到模型中。对此，我们认为：社会网络会影响投资者的成本 c，这一成本包含信息的搜集成本、参与成本和交易成本等，而社会网络具有重

要的信息传播作用，可以降低投资者的信息搜集成本，即 c 是关于社会网络的减函数，令 s 表示社会网络，$c = c(s)$，而 $\frac{\partial c}{\partial s} < 0$。

信任则与 p 有关，p 是投资者的主观概率，对于不同的投资者而言，p 的数值是不同的，其与投资者的信任有关，如果投资者的信任程度越高，就越相信自己不会被欺骗，因而 p 的值越小；反之，信任程度越低，p 值越大。

互惠影响投资者的风险厌恶 θ，因为互惠使得投资者在投资失败时，可以从他人那里得到经济援助，使其可以渡过投资失败带来的困境，从而提高其风险的承担能力和意愿，降低其风险资产投资的风险厌恶。因而，如果令 m 表示互惠，则 θ 是 m 的减函数，$\theta = \theta(m)$，而 $\frac{\partial \theta}{\partial m} < 0$。

（三）模型推导

对于式5.2进一步变形，可以得到

$$\underset{\alpha}{Max}\left\{(1-p)E\left[e^{-\theta(1-\alpha)r_fW} \cdot e^{-\theta\alpha(\tilde{r}-c)W}\right] + pe^{-\theta(1-\alpha)r_fW}\right\}$$

由于式中只有 $e^{-\theta\alpha(\tilde{r}-c)W}$ 包含随机变量 $\tilde{r}$，因此上式可以变为

$$\underset{\alpha}{Max}\left\{(1-p)e^{-\theta(1-\alpha)r_fW}Ee^{-\theta\alpha(\tilde{r}-c)W} + pe^{-\theta(1-\alpha)r_fW}\right\} \qquad （式5.3）$$

对于指数分布，$e^{-\theta\alpha(\tilde{r}-c)W}$ 的期望 $Ee^{-\theta\alpha(\tilde{r}-c)W} = e^{-\theta\alpha(\bar{r}-c)W+\frac{1}{2}\theta^2\alpha^2W^2\sigma^2}$，代入式5.3得

$$\underset{\alpha}{Max}\left\{(1-p)e^{-\theta(1-\alpha)r_fW}e^{-\theta\alpha(\bar{r}-c)W+\frac{1}{2}\theta^2\alpha^2W^2\sigma^2} + pe^{-\theta(1-\alpha)r_fW}\right\} \qquad （式5.4）$$

对于式5.4求最优解，其一阶条件为：

$$(1-p)e^{-\theta(1-\alpha)r_fW-\theta\alpha(\bar{r}-c)W+\frac{1}{2}\theta^2\alpha^2W^2\sigma^2}\left[\theta r_fW - \theta(\bar{r}-c)W + \right.$$
$$\left. \theta^2\alpha W^2\sigma^2\right] + pe^{-\theta(1-\alpha)r_fW}\theta r_fW = 0$$

消去公共项 $e^{-\theta(1-\alpha)r_fW}$ 和 θW，可以将该条件简化为：

$$(1-p)e^{-\theta\alpha(\bar{r}-c)W+\frac{1}{2}\theta^2\alpha^2W^2\sigma^2}\left[r_f - (\bar{r}-c) + \theta\alpha W\sigma^2\right] + pr_f = 0$$

令 $A = e^{-\theta\alpha(\bar{r}-c)W+\frac{1}{2}\theta^2\alpha^2W^2\sigma^2}$，则上式可以简化为

$$(1 - p)A\left[r_f - (\bar{r} - c) + \theta\alpha W\sigma^2\right] + pe^{-\theta(1-\alpha)r_f W}r_f = 0$$

进一步推导，可以得到

$$(1 - p)\theta\alpha W\sigma^2 = (1 - p)A(\bar{r} - r_f - c) - pr_f$$

解得最优投资比例为：

$$\alpha^* = \frac{\bar{r} - r_f - c}{\theta W\sigma^2} - \frac{pr_f}{(1 - p)A^*\theta W\sigma^2} \qquad (式5.5)$$

其中 $A^* = e^{-\theta\alpha^*(\bar{r}-c)W + \frac{1}{2}\theta^2\alpha^{*2}W^2\sigma^2}$。

（四）推论

进一步将 A^* 展开，可以得到 $A^* = e^{-\theta\alpha^*(\bar{r}-c)W + \frac{1}{2}\theta^2\alpha^{*2}W^2\sigma^2} = e^{\theta^2 W^2\sigma^2\left[(\alpha^* - \frac{\bar{r}}{2\theta W\sigma^2})^2 - (\frac{\bar{r}}{2\theta W\sigma^2})^2\right]}$，通常家庭财富 W 较大，而 $\bar{r}$ 较小，因而 $\frac{\bar{r}}{2\theta W\sigma^2}$ 数值接近于 0，即

$$A^* = e^{-\theta\alpha^*(\bar{r}-c)W + \frac{1}{2}\theta^2\alpha^{*2}W^2\sigma^2} = e^{\theta^2 W^2\sigma^2\left[(\alpha^* - \frac{\bar{r}}{2\theta W\sigma^2})^2 - (\frac{\bar{r}}{2\theta W\sigma^2})^2\right]} \approx e^{\theta^2 W^2\sigma^2\alpha^*}$$

因而 A^* 是关于 α^* 的严格递增函数，在此基础上，可以进一步推导如下结论。

推论 1：投资者的社会关系网络越强，其风险资产的最优投资比例越高。

投资者的社会网络有助于降低其风险投资的成本 c，而最优投资比例 α^* 与 c 是负相关的，即社会网络与投资者的风险投资比例正相关，社会网络越强，投资者的风险投资比例越高。

推论 2：投资者的信任程度越高，其风险资产的最优投资比例也将会相应越高。

投资者的信任会影响到其觉得被欺骗的概率 p，而从式 5.5 可以看出，最优风险投资比例 α^* 是 p 的递减函数，而信任程度的高低与 p 的大小是相反的，因而，信任程度越高，p 越小，投资者风险投资的最优比例越高。

推论 3：互惠对于投资者的风险投资通常具有正的影响。

根据式 5.5，可以看出，θ 对于最优投资比例的影响取决于 $(\bar{r} - r_f - c) -$ $\dfrac{pr_f}{(1-p)A^*}$，由于 p 通常较小，因而 $\dfrac{pr_f}{(1-p)A^*}$ 较小，通常 $(\bar{r} - r_f - c) -$ $\dfrac{pr_f}{(1-p)A^*} > 0$，此时 θ 与最优投资比例负相关，而互惠与风险厌恶 θ 负相关，因而通常与最优的风险投资比例正相关。

二、社会资本对中国农村家庭金融资产选择及排斥的影响机制

前文对于社会网络、信任和互惠等社会资本各要素对于金融资产尤其是风险资产投资的影响进行了理论分析。而对于农村家庭而言，这些要素对于其金融资产选择的具体影响机制和途径如何，本部分将结合农村家庭金融资产选择及排斥进行详细分析。

我国农业、农村和农民的特征决定了农村家庭在金融资产选择决策中面临多种的困难和约束，从而受到一定程度的排斥。而社会资本理论认为，社会成员的经济决策行为往往不是相互独立的，而是嵌入在一定的关系和网络之中，网络中各个节点的成员相互联系、相互交往，使得某个成员的决策和行为往往会受到其他成员的影响，同时，网络还能够提供一定的信任和规则，有助于促进社会成员的合作和交易的达成。而家庭金融资产选择既是家庭的一项重要决策，本质上也是家庭与金融机构之间的一种交易，在这一决策和交易过程中，社会资本也将会通过多种途径来发挥作用，从而在一定程度上缓解制约农村家庭金融资产选择的各种因素，进而减轻农村家庭的金融资产选择排斥。对于农村家庭而言，社会资本将通过以下途径对于其金融资产选择及排斥产生影响。

（一）信息传递效应

社会资本是农村居民获得信息的重要途径，具有重要的信息传递效应。

信息是影响家庭金融资产决策的关键因素，要进行某项金融资产投资，首先要知道该产品的存在，然后了解产品的详细信息，个体掌握的信息量会影响其投资的概率（Guiso 和 Jappelli，2005）。而农村地区的封闭导致了农民获得有关资产信息的渠道较为狭窄，而且农民也缺乏对于此类信息的关注，信息的闭塞使得农村居民对于金融产品和服务不够了解，缺乏金融意识，从而难以催生其对于金融资产的需求。同时，即使部分家庭有潜在的金融资产需求，但信息渠道的狭窄也会使得他们很难获得有关的投资信息，信息的搜寻成本相对较高，从而使他们的需求受到抑制。

在这种情况下，农村居民的社会网络则可以在很大程度上弥补传统的信息获取途径，成为其信息传递的重要载体，有助于农村家庭获取有关金融资产的有关信息，降低信息的搜寻成本。纳比特和古沙（Nahapiet 和 Ghoshal，1998）认为，通过网络内部成员之间的相互沟通和交流，社会网络能够促进成员之间的信息共享。而社会网络的规模、异质性和稳定性以及网络成员之间交流和沟通的频率决定了信息传播的广度、深度和效率。社会网络规模越大、异质性越强，网络成员拥有的信息存量和类型越多，可以传播的信息内容越丰富，而网络越稳定，成员之间交流和沟通越频繁、越密切，信息传播的深度和效率越高。在农村地区，社会网络的这一功能更为显著，因为农村居民长期生活在一个地区，彼此都比较熟悉，农民喜欢在茶余饭后相互走访交流，正是通过这样的方式，许多被少数人掌握的信息能够在农民之间得到广泛传播，并进而影响农村家庭的需求和决策。

除社会网络外，农村社会资本中的信任对于信息的传递也具有重要的促进作用（周涛和鲁耀斌，2008），它有助于提高信息传播的质量和可信性。信任包括个人信任和普遍信任，对于农村居民来说，普遍信任包括对村委会、政府、金融机构的信任，能够提升他们参与公共事务的积极性（胡荣，2006；孙昕等，2007），从而有助于他们通过政府、金融机构等正式途径获得有关信息。而个人信任则是信息交流的重要前提，一方面会降低农民的顾虑，使得他们更愿意交流和分享自己掌握的有用信息；另一方面也会使得农民更愿意接受和相信他人的信息，因而更容易受到他人信息的影响。

根据上述分析，可以得出，社会网络规模越大、异质性越强、关系越稳定，信任水平越高，越有利于信息的传递，从而能够降低农村家庭在金融资产选择中的信息约束，缓解其面临的排斥，提高金融资产投资的概率和参与比例。

（二）知识传播效应

社会资本具有知识传播效应，有助于提高农村家庭的决策水平，辅助其金融资产选择决策，从而缓解其知识排斥。社会资本不仅具有信息传递和共享作用，通过社会网络成员之间的相互交流，还可以促进知识的分享和流动。由于社会网络中各个节点的成员具备不完全相同的知识结构，因而整个社会网络实际上也是一个知识网络，这一知识网络的规模取决于社会网络规模和异质性。社会网络规模越大，成员之间的异质性越强，社会网络所拥有的知识资源的存量越大，内容越丰富。而社会成员的信任则有助于他们之间建立长期稳定的知识交流，减少知识流动中的不确定性，从而进一步促进了知识的分享和流动（顾新等，2003）。

社会资本的知识传播作用在农村家庭的金融决策中尤为重要。由于农村居民教育程度普遍较低，基本没有接受过金融方面的教育和培训，也缺乏获取金融知识和投资建议的途径，因而使得他们的金融资产投资意识较为淡薄，也不具备有关的金融知识和技能，金融决策水平较低，从而抑制了其金融资产需求，产生知识排斥。在这种情况下，如果农村居民所拥有的社会网络中其他成员具备一定的金融知识，他们就可以通过与这些人群的交往，了解和获取有关的知识。并且，在金融资产选择过程中，由于缺乏投资的知识和技能，农村居民可能难以作出合理的决策，此时他们也可以向网络中可以信任的、具备决策能力的社会成员咨询，听取他们的建议，从而帮助自己进行决策，提高金融决策水平。而向他人获取金融知识和决策建议的过程也是一个学习的过程，在潜移默化中，农村居民也能够学会一定的知识和技能，自己的决策能力也可以得到锻炼和提高，并最终能够进行自主决策。

因此，社会网络和信任有助于提高农村居民金融知识的可获得性，提升农村地区的金融教育水平，增强农村居民的金融意识，提高其金融素养，有助于农村家庭金融资产配置需求的培育，并提高农村家庭的金融决策水平，降低金融知识和金融素养约束，从需求端缓解其金融资产选择排斥，促进其金融资产选择。

（三）信任效应

社会资本中的信任可以缓解金融交易中的信息不对称，降低不确定性的影响，缓解农村家庭的风险排斥。信任是社会资本的主要构成要素，个人信任有助于促进信息的传递和知识的传播，而普遍信任更为重要。在信息不对称和存在不确定性的情况下，普遍信任能够使交易双方在面临预期损失可能大于预期收益的风险事件时，选择相信对方并与之合作（Deutsch，1977）。张维迎和柯荣住（2002）认为，普遍信任会影响交易一方对另一方的心理预期，在一定程度上降低交易成本以及由信息不对称带来的监督成本和风险，从而保证合同的顺利签订与履行。

具体到金融交易中，信任就相当于投资者在面临金融合同不确定性风险时，对合同方是否会尽其所能履行合同的主观判断（Bossone，1999）。吉索等（2004）认为金融资产投资本质上是一种交换，投资者当前付出了一定的资金，换回了对于未来回报的承诺。这种交换的发生不仅需要法律的保证，更依赖于投资者对于交易对手的信任程度。信任程度越高，投资者认为预期收益实现的概率越大，因而就越有可能产生金融资产的配置需求，且投资数额也会越大。张俊生和曾亚敏（2005）利用我国省级层面的数据从宏观角度验证了这一结论同样适用于我国金融市场，他们的研究表明，信任水平高的省份，居民金融资产持有比例相对较高。对于农村家庭而言，其风险厌恶程度较高，担心自己的投资可能得不到预期的回报，还可能损失投入的本金，因而投资于金融资产尤其是风险资产的意愿和动机较弱。而信任则可以在农村居民和政府、金融机构和企业之间架起一座心理的桥梁，打消其对投资某项金融资产的疑虑，从而有助于提高其金融资产配置的积极性。农村家庭的信任水平越高，就越会相信金融机构和上市公司能够改善经营管理，政府有关部门能够切实保护投资者利益，我们国家的金融市场会日益成熟和完善，其投资就越能够获得预期的收益和回报，因而就越有可能将家庭财富配置在金融资产方面。

基于上述分析，农村家庭的信任水平越高，其对金融资产投资的期望越高，对投资能够获得预期收益的信心越强，从而能够缓解由于农村居民风险厌恶所导致的金融资产选择排斥。

（四）社会互动的示范效应

社会互动产生示范效应，进而影响农村家庭金融资产选择。社会互动也称社会相互作用或社会交往，它是个体对他人采取社会行动和对方作出反应行动的过程——即个体的行动对别人产生影响，反过来，别人的期望也会影响个体的大多数行为。对于个体而言，其社会互动的对象主要是其所在社会网络的其他成员，因而社会互动是社会网络发挥作用的重要途径，社会网络的规模、异质性和稳定性影响着社会互动效应作用的范围和深度。社会成员拥有的社会网络规模越大，异质性越强，与之互动的对象及行为类型越多，他能够影响到的成员就越多，反过来受到其他成员的影响也较多，社会互动效应的影响范围也越大。而社会网络的稳定性越强，成员之间的相互影响越深，社会互动效应影响就越深。

在金融资产投资中，家庭与社会网络其他成员的社会互动影响更为显著。曼斯基（Manski，2000）将社会互动分为内生互动和情景互动，前者指个体的行为与其所在群体其他成员的行为相互影响，后者则只能导致个体行为单方面受到群体行为影响，而不会反作用于群体行为。杜鲁夫

（Durlauf，2004）进一步分析了内生互动和情景互动对于居民金融投资决策的影响，并将二者的影响分别称为伙伴群体效应和群体示范效应。前者是双向的，个体投资决策会受到参照群体成员同期行为的影响，而其自身决策也会反过来影响参照群体成员的决策；后者则是单向的，即个体投资决策会受到参照群体成员行为的影响，但不会反作用于群体其他成员。

无论是内生互动还是情景互动，都表明家庭投资决策会受到社会网络其他成员的影响，但其影响程度及内生互动的反作用程度与家庭自身对于信息的掌握和决策能力有关。信息资源丰富、金融决策能力强的家庭习惯于依靠自己掌握的信息进行自主决策，因而这类家庭决策受到他人的影响较小，而他们对于他人决策的影响可能较大，因而其影响主要与内生互动有关。反之，信息缺乏、决策能力较弱的家庭在金融资产投资中更倾向于模仿和参照他人的行为，因而其主要受到情景互动的影响。对于农村家庭来说，由于缺乏有关的信息和决策能力，因而在金融资产投资决策中，更容易受到其关系网络中具有信息优势和较高决策能力的社会成员行为及其结果的影响，因而其社会互动影响以情景互动和群体示范效应为主。

社会互动对于农村家庭金融资产选择的影响具有正负两种效应，具体情况与家庭所参照的决策阶段和参照群体成员的行为结果有关。如前所述，家庭金融资产选择决策过程包括需求识别、信息搜集、投资决策和投资评价，如果社会互动的影响发生在投资决策阶段，即某一家庭观察到其他家庭购买了某项金融资产，可能容易受到他人影响也购买该项资产，则社会互动对于该家庭的金融资产投资具有正的影响。而如果影响发生在投资评价阶段，即家庭是在观察到投资家庭的投资结果再进行投资决策，则社会互动的影响效应与投资结果有关。参照家庭的投资如果成功，则会对该家庭的投资产生正向的刺激，促进其也进行该项资产的投资。反之，参照家庭投资失败对该家庭的金融资产选择具有消极的影响。

综上所述，我们认为，农村家庭与其社会网络其他成员的社会互动对于其金融资产选择具有重要的影响效应，这一效应有正负两方面的影响，其总效应取决于正负两种效应的比较。而社会互动绝对效应的大小与社会网络的规模、异质性和稳定性有关，网络规模越大、异质性越强、稳定性越好，其绝对效应越大。

（五）互惠效应

农村家庭与社会网络成员之间的互惠有助于提高其抵御风险的能力，降低流动性约束，进而缓解流动性排斥和风险排斥。从社会学角度，互惠可以理解为人与人之间的平等互助，对于个体而言，其互惠的对象主要也是社会网络的成员，互惠的程度与个体之间的关系密切。在中国农村社会，农村居民与他人的关系和社会网络主要以情感为基础，因而其互惠多是情感性的，关系网络成员间感情的深度决定了他们互惠的程度。

从经济学角度来解释，互惠体现了另一种资源配置的方式，是市场交换的替代。当个体需要某种资源时，他可以通过市场交易有偿获得，也可以通过互惠的方式从他人那里以低于市场的价格甚至是无偿获得。是通过市场还是互惠来完成资源的配置，这取决于市场的完善程度和关系网络状况。在农村地区，市场化程度和农村居民的支付意愿较低，通过市场交易来获得所需的资源较为困难，建立在情感关系网络基础上的情感性互惠就成为农村地区资源配置的重要途径，这些资源包括资金、劳动和土地等，因而互惠在农村社会较为普遍和重要，对于农村居民的生产和生活都具有重要的影响。

农村居民之间互惠的形式主要是资金互助和劳动互助，资金互助指农户遇到资金困境时，由于从正规金融途径获得资金较为困难或者成本较高，如果资金需求数量较小，他们通常都会求助于自己的亲戚朋友，而对于较大的资金需求，他们可以通过亲友担保从金融机构获得所需资金。劳动互助指在农业生产或者婚礼、葬礼等重大活动中，由于劳动力紧张，需要外部力量的帮助，虽然村民可以花钱雇佣别人来完成，但他们更多的还是寻求亲友、邻居的帮助。

农村居民的互惠，一方面可以使得农村家庭在遇到收入或者健康等风险时，可以从社会网络的其他成员那里获得经济援助，从而提高了他们抵御风险的能力，进而增强其风险承担的意愿，缓解由于风险厌恶导致的金融资产选择排斥，提高金融资产选择的积极性。另一方面，农村家庭低收入和高支出使得其可支配的资金有限，缺乏充足的流动性用于金融资产投资。如果他们将有限的资金投入到金融资产中，当家庭有紧急的资金需求且无法从其他渠道获得资金帮助时，就会使家庭陷入严重的流动性困境。而劳动互助可以节约家庭的开支，增加可支配资金，缓解流动性紧张的状况，使得农村家庭能够结余一部分资金用于金融资产投资。资金互助可以降低农村家庭的借贷约束，提高其资金的可得性，从而缓解其将资金配置在金融资产时可能带来的流动性困境，打消他们对此的顾虑，提高其金融资产投资意愿。

第六章 社会资本与中国农村家庭金融资产选择及排斥的实证研究

前文探讨了社会资本影响农村家庭金融资产选择及排斥的路径和机制，分析结果表明，农村家庭社会资本的各个维度对于其金融资产选择及排斥都具有一定的正向效应，对此，本章将首先根据上文分析提出研究假设，然后结合农村家庭社会资本特点，构建相应指标体系对其进行测量，在此基础上构建实证模型对于本研究的假设进行验证。

一、社会资本对中国农村家庭金融资产选择及排斥影响的理论假设

根据上文分析可以看出，农村家庭社会资本的各个维度对于其金融资产选择行为及排斥都具有一定的影响，在此基础上，我们分别从社会网络、信任、互惠这三个维度提出相关的研究假设，具体如下。

（一）社会网络

在信息渠道较为闭塞的情况下，社会网络是农村家庭重要的信息来源，具有重要的信息传递效应，社会网络的规模越大、异质性越高、稳定性越强，对于信息的传播作用越大。而信息是家庭金融资产选择及投资决策的前提和基础，只有了解和掌握有关金融资产的信息，才能产生对于金融资产的需求，并且，只有能够更进一步获取更深入的信息，才能帮助家庭作

出合理的投资决策。

同时，社会网络还具有传播知识的功能，农村家庭从社会网络中其他成员那里可以获得相关的投资知识和指导建议，从而可以辅助其作出合理的投资决策，提高其金融决策的能力。

此外，社会网络还具有重要的社会互动效应，即通过与社会网络内部成员的社会交往、沟通和交流，家庭可以观察、模仿和学习他人的投资决策，从而克服家庭自身信息和专业知识缺乏、决策能力不高的困难，辅助家庭自身的投资决策。社会互动效应包括伙伴群体效应和群体示范效应，社会网络的规模、异质性和稳定性影响着社会互动效应作用的范围和深度。此外，家庭的决策能力和投资知识越匮乏，就越容易受到他人的影响，而农村家庭在金融资产选择中面临着严重的知识排斥，金融素养较低，使其对于决策的信心不强，因而社会互动效应对于农村家庭金融资产选择的影响可能会更强烈。社会互动效应对于农村家庭金融资产决策具有正负两方面的影响，这取决于与之交往的社会成员的投资状况，成功的投资会起到正向的示范作用，能够激励农村家庭的金融资产选择，失败的投资则会起到相反的作用。但从个人的心理和行为出发，人们一般会交流自己成功的经历，淡化遭遇的失败，而且从失败中也能吸取教训，从而更好地作出投资决策。因而社会互动效应对于农村家庭金融资产选择总体具有正的作用，可以缓解其排斥。基于上述分析，我们提出如下研究假设。

H1a：社会网络能够提高农村家庭的金融资产尤其是风险资产投资的可能性。

H1b：社会网络能够提高农村家庭的金融资产尤其是风险金融资产的配置比例。

H1c：社会网络之所以能够促进农村家庭金融资产的选择，是因为它可以通过信息传递效应、知识传播效应和社会互动效应，缓解农村家庭在需求方面的排斥。

（二）信任

信任对于农村家庭金融资产选择的影响途径包括：一是信息传递和知识传播途径。社会网络可以促进信息的传递和知识的传播，而信任则具有催化剂的作用，它也有助于社会网络这一功能的发挥，信任水平越高，信息传递和知识传播的效率越高，从而越能够缓解农村家庭的金融资产选择排斥，促进其金融资产的合理配置。二是信任可以降低金融资产交易中的不确定性，增强农村家庭对于金融资产投资的信心，从而缓解其风险排斥。基于此，我们提出如下研究假设。

H2a：信任水平越高，农村家庭参与金融资产投资，尤其是风险金融资产配置的可能性更高。

H2b：信任水平越高，农村家庭金融资产配置的比例，尤其是风险金融资产配置的比例越高。

H2c：信任能够提高农村家庭风险资产选择的积极性和配置比例，也能够缓解农村家庭在金融资产选择中面临的需求排斥。

（三）互惠

互惠对于农村家庭金融资产选择及排斥影响的途径包括：一是互惠有助于提高农村家庭抵抗风险的能力，降低其对于不确定性的担心，从而可以缓解其风险排斥。二是互惠可以有助于提高农村家庭筹集资金的能力，缓解其流动性紧张的状况，从而缓解其流动性排斥。基于上述分析，我们提出如下假设。

H3a：互惠程度越高，农村家庭金融资产，尤其是风险资产投资意愿即风险市场参与的可能性越高。

H3b：互惠程度越高，农村家庭金融资产，尤其是风险资产配置比例越高。

H3c：互惠可以缓解农村家庭在金融资产选择中面临的需求排斥，因而能够促进其风险金融资产的配置。

二、农村家庭社会资本的测量

（一） 农村社会资本的概念

基于前文对于社会资本内涵的界定，我们认为农村社会资本是农村居民与他人在长期交往中形成的关系网络，以及与之相适应的关系特征。它是无形的，但有许多载体和表现形式，包括社会网络、信任、互惠、规范等几个方面。根据层次划分，农村社会资本也可以分为个体社会资本和集体社会资本，个体社会资本指农村居民和家庭所拥有的社会网络以及与之相对应的关系特征，主要包括信任和互惠，它可以帮助农村家庭获取相应的资源从而影响其经济行为。农村集体社会资本为村域范围内的社会资本，指某一村庄或者农村地区所有村民拥有的关系网络以及依附于这一关系网络上的信任、互惠和规范等。本书主要考察农村家庭的个体社会资本，具体包括社会网络、信任和互惠三个方面。

（二） 中国农村家庭社会资本的特点

由于经济和社会的"二元"特征，我国农村和城市在许多方面都存在一定的差别，相比于城市地区而言，农村家庭具有其自身独特的"乡土"特色。具体体现在如下几个方面。

从社会网络看，农村地区的人际关系多以传统的亲缘和地缘关系为主，由此使得农村居民拥有的社会网络规模相对较小，较为封闭，且具有较高的同质性，即其社会网络节点的成员在教育、职业等方面的特征具有较强的一致性，但这一特征也使得农村居民的社会网络稳定性相对较高。而城市中人际关系主要以工作性的业缘关系和私人性的趣缘关系为主，其社会网络规模较大，开放性和异质性较高，但稳定性可能相对较低。

从信任看，其与社会网络和规范相适应，农村居民之间的信任主要是建立在血缘、亲缘与地缘基础之上的特殊信任，并以道德、意识形态等非正式制度安排为保证。而城市居民之间的信任主要是建立在契约关系基础上，以法律和正式的规章制度为保障的普遍信任（林聚任等，2007）。

从互惠看，互惠体现了社会成员之间的人情关系，相对于城市而言，我国农村社会是以宗族血缘关系为基础的"熟人"或者"半熟人"传统社会，受到中国传统儒家文化倡导的"仁""礼""信"等观念的影响较为深远（马红梅和陈柳钦，2012），农村居民在人际交往中相互帮助、相互协作，人情关系中的互惠特征较为明显。而城市社会中存在较多的以资源转化型、财富聚敛型和拉关系型为特征的交换型人情关系。

（三）农村家庭社会资本的测量指标体系

由于农村家庭社会资本具有比较丰富的内涵，因此对于其测量也需要从多个维度考虑，才能较为全面地反映农村家庭的社会资本水平。而当前的多数研究都着眼于社会网络这一维度，因此对于个体社会资本包括农村家庭社会资本的测量通常只关注结构型社会资本，忽视了嵌入在社会网络中的各种关系特征，即信任和互惠等认知型社会资本。而本书则基于上述对于农村社会资本的界定，将从社会网络、信任和互惠三个维度对于农村家庭的社会资本进行测量，具体的测量指标体系如表6-1所示。

表6-1　农村家庭社会资本测量指标体系

一级指标	二级指标	三级指标	赋值
社会网络	规模	社会地位	1—5分
	异质性	社会组织参与	未参与为0分；每参与一项加1分
		工作性质	农业工作为1分；非农业工作为2分
	稳定性	与亲戚交往频繁度	0—3分
		邻里关系	1—5分

续表

一级指标	二级指标	三级指标	赋值
信任	个人信任	对父母的信任程度	0—10 分
		对邻居的信任程度	0—10 分
	普遍信任	对美国人的信任程度	0—10 分
		对陌生人的信任程度	0—10 分
		对医生的信任程度	0—10 分
		对干部的信任程度	0—10 分
互惠	互助观	助人观念	大部分人是自私的为 1 分；大部分人是乐于助人的为 2 分
	经济互惠	亲戚帮助	根据帮助的金额划分为 1000 元以下、1000—5000 元、5000—1 万元、1 万—2 万元、2 万—5 万元和 5 万元以上 6 个等级，分别赋值 1—6 分
		朋友帮助	
		给亲戚的帮助	
		给朋友的帮助	

1. 社会网络

社会网络是社会资本的基础维度，信任和互惠都是在此基础上形成和发展的，如前所述，社会成员的社会网络状况体现在其规模、异质性和稳定性等方面，因而，我们也将从这三个方面来对农村家庭的社会网络进行定量测量。

（1）规模。对于社会网络的规模，我们将采用农村家庭的社会地位这一指标进行衡量，因为家庭的社会地位与其社会交往状况尤其是交往的范围有着较为密切的关联，交往越广泛的家庭，社会地位越高；反过来也是如此，社会地位高的家庭通常社会交往也越广泛。在具体测量时，社会地位来自 CFPS 成人问卷中对"您家在本地的社会地位"的调查，由很低到很高，分为五个等级，分别赋值 1—5 分。

（2）异质性。对于农村家庭社会网络的异质性，我们将用家庭成员的社会组织参与状况和工作性质来衡量。因为社会组织的成员通常都来自不同的职业、行业、地区等，因而其异质性程度较高。而就工作性质而言，从事非农业工作的农村家庭接触到的社会成员类型也比较广泛，其社会网络的异质性也相对较高。在社会组织参与的衡量中，考虑的社会组织包括党派、共青团、人大代表、政协委员、宗教/信仰团体、劳动者协会、非正式的联谊组织等，如果家庭成员没有加入任何组织赋值为 0 分，每加入一项组织加 1 分，可以累加，该数据来源于 CFPS 成人问卷有关"您目前是下列哪些组织的成员"的调查。对于工作性质的衡量，基于对家庭是否从事农业工作的调查，从事农业工作为 1 分，从事非农业工作为 2 分，这一调查来自 CFPS 家庭问卷。

（3）稳定性。稳定性指社会关系的密切程度，对此我们用与亲戚交往频繁度和邻里关系两个指标来反映，因为与亲戚和邻里的关系在社会关系尤其是农村家庭的社会关系中具有代表性，这两个指标可以反映农村家庭与亲戚和邻里关系的密切程度，也能在很大程度上代表农村家庭整体社会关系的密切程度和稳定性。其数据来源于 CFPS 家庭问卷中对于"亲戚交往联络"和"邻里关系"的调查，其中与亲戚交往频繁度分为四个等级，分别是没有交往、不常交往、偶尔交往和经常交往，赋值为 0—3 分；邻里关系分为关系很紧张、有些紧张、一般、比较和睦和很和睦五个等级，分别赋值为 1—5 分。

2. 信任

信任是社会学领域重要的研究内容，也是社会资本的核心组成要素之一，许多学者把信任作为一个独立的研究话题，强调这一要素对于经济发展和社会繁荣的重要性。根据表 6 - 1，我们将信任分为个人信任和普遍信任进行测量。

对于农村家庭的个人信任，用对父母和邻居的信任来衡量，它代表了农村居民对于所熟悉之人的信任状况，其数据来源于 CFPS 成人问卷中对于"父母和邻居信任程度"的调查，由低到高分别赋值为 0—10 分。对于普遍信任，从对美国人、陌生人、医生和干部的信任程度等几个方面来衡量，这在很大程度上可以代表社会成员对于社会上其他人的信任状况，例如中国和美国的关系、医患关系、干部和群众的关系是社会上比较关注的焦点，其核心就是信任关系，这几类信任的数据同样来自 CFPS 成人问卷中的相关调查，选项采用直接打分制，取值范围在 0—10 分之间。

3. 互惠

互惠指农村家庭之间的相互帮助，包括资金帮助、实物帮助和用工帮助等。社会成员的互惠状况与其互惠观念密切相关，具有乐于助人的观念，其互惠发生的可能性更高。因此，我们首先选择互助观作为衡量指标，其数据来自 CFPS 成人问卷中对"大部分人是乐于助人还是自私"这一问题的调查，选择"大部分人是自私的"赋值为 1 分，选择"大部分人是乐于助人的"赋值为 2 分。

其次，从家庭得到的经济帮助和给他人的帮助两方面反映其实际发生的互助情况。其中家庭得到的帮助来自 CFPS 家庭问卷中对"亲戚给的经济帮助""其他人（朋友、同事）给的经济帮助"的调查，家庭给予他人的帮助来自对"给亲戚经济帮助""给他人经济帮助"的调查，其单位都是元。由于家庭通常在有困难的时候才会产生互助，因此许多样本家庭这部分数据为 0 分，原因在于他们没有遇到困难，或者有困难但无法从他人那里获得帮助。同时，得到帮助的家庭其数值差别也较大，从数百元到数万元不等，因为这和家庭的经济状况有关，经济条件好的家庭给他人的帮助金额相应较高，同样如果这类家庭遇到困难，需要和得到的帮助也较大。基于这样的数据特点，如果直接根据互助的金额衡量家庭互惠程度，会有失偏颇，例如数值为 0 分的家庭没有互助，从他人那里得到的钱或者给他人的钱越多，互助越高，这显然不一定合理。

对此，我们按照互助的金额划分为 1000 元以下、1000—5000 元、5000—1 万元、1 万—2 万元、2 万—5 万元和 5 万元以上 6 个等级，分别赋值 1—6 分，这样可以避免出现数值为 0 分就没有互惠的判断，同时也可以降低数据规模大小导致的互惠程度差异较大的问题。

（四） 农村家庭社会资本的测量方法

利用表 6-1 中的指标体系，我们采用因子分析法进行降维，从而得到衡量农村家庭社会网络、信任和互惠具体水平的数值，具体步骤如下。

首先，选择和确定对于一级指标具有重要影响的主因子。具体如下：对于各一级指标所属的三级指标进行标准化①，并计算其相关系数矩阵，在此基础上求出各因子的特征根及特征向量，并根据特征根计算各因子对于一级指标的方差贡献率以及累计方差贡献率。然后根据特征根大于 1 的标准选择主因子。

其次，计算出因子载荷矩阵，判断各三级指标对于各因子贡献的大小，从而得到主因子中具体包含哪些三级指标，进一步对各主因子进行命名。

再次，计算出各主因子的得分系数矩阵，并据此求出各主因子的得分。

最后，利用主因子的特征根或者方差贡献率在累计特征根或方差贡献率中的比重作为权数，进行加权求和，从而得到一级指标的综合数值。

（五） 中国农村家庭社会资本的测量

1. 各指标描述性统计

根据表 6-1，社会资本各要素中，社会网络衡量指标为社会地位、社会组织参与、工作性质、与亲戚交往频繁度和邻里关系；信任衡量指标包括对父母的信任程度、对邻居的信任程度、对美国人的信任程度、对陌生人的信任程度、对医生的信任程度和对干部的信任程度；互惠衡量指标包括助人观念、亲戚帮助、朋友帮助、给亲戚的帮助和给朋友的帮助。表 6-2 给出了这些指标的描述性统计状况，其数据来自 2014 年的中国家庭追踪调查。

---

① 由于本研究主要关注一级指标的数值，二级指标只是分析一级指标具体包含哪些细分指标（三级指标）的过渡，因此在根据指标体系测量一级指标数值时，直接根据三级指标进行综合测量。

表6-2 社会资本各维度测量指标描述性统计

维度	指标	观测值	均值	标准差	最小值	最大值
社会网络	社会地位	6666	3.16	0.81	0	5
	社会组织参与	6677	0.27	0.45	0	4
	工作性质	7042	1.27	0.44	1	2
	与亲戚交往频繁度	6780	2.35	0.90	0	3
	邻里关系	6776	4.13	0.86	1	5
信任	对父母的信任程度	6668	9.28	1.24	0	10
	对邻居的信任程度	6677	6.67	1.82	0	10
	对美国人的信任程度	6604	2.08	1.94	0	10
	对陌生人的信任程度	6669	1.87	1.67	0	10
	对医生的信任程度	6675	7.09	1.85	0	10
	对干部的信任程度	6671	5.34	2.18	0	10
互惠	助人观念	6664	1.67	0.37	1	2
	亲戚帮助	7042	851.60	5495.00	0	100000
	朋友帮助	7042	118.90	1748.00	0	50000
	给亲戚的帮助	7042	757.90	4431.00	0	200000
	给朋友的帮助	7042	82.10	1113.00	0	50000

表6-2中第1—5行为社会网络各测量指标的描述性统计，可以看出：在社会地位的评价中，农村家庭平均水平为3.16，略高于中间值，在与亲戚关系和邻里关系方面，平均值分别为2.35和4.13，比较接近于最大值，表明农村家庭普遍比较重视与亲戚和邻里的交往，这和我们农村传统社会特点和观念有着密切的关系，由此进一步也能够反映农村家庭对除亲戚和邻里之外的其他社会网络成员之间的交往也会较为重视。在社会组织参与和工作性质方面，农村家庭平均水平较低，分别为0.27和1.27，接近最小值，这说明农村家庭成员加入社会组织的人数很少，而且在工作方面，大多数（73%）都是从事农业工作，由此使得他们社会交际圈较为狭窄，以传统的亲缘、地缘关系为主，社会网络异质性较低。

表6-2中第6—11行为信任各测量指标的描述性统计，可以看出：样本家庭中个人信任程度都较高，其中对于父母的平均信任程度为9.28，对

于邻居的平均信任程度为 6.67，虽然父母和邻居不能够代表与之交往的全部社会成员，但这在一定程度上也能反映农村家庭对于交往的社会成员信任程度较高。普遍信任方面，由于一般居民都与医生和干部群体有过接触，因此对于这两类群体的信任程度较高，其中对医生的平均信任程度为 7.09、干部为 5.34。而对于完全没有接触的群体，农村居民的信任程度则相对较低，这体现在他们对于陌生人的平均信任程度为 1.87，而对于美国人的平均信任程度则为 2.08。

　　表 6 - 2 中最后 5 行为互惠各测量指标原始数据的描述性统计，可以看出：家庭在从"他人那里得到的帮助"以及"给他人的帮助"方面，数值差别较大，最小值为 0 分，中位数也为 0 分，表明存在大量的样本家庭这一数值为 0 元，而最大值为数万元，标准差远远大于平均值，这与前文所分析的问题一致。对此，在实际测量和回归分析中，我们将按照上文所提出的等级划分方法对这些指标进行修正。

　　2. 因子分析过程及结果

　　利用上述指标和 CFPS 2014 的数据，对农村家庭的社会网络、信任和互惠进行因子分析，表 6 - 3 第 1 行给出了因子分析的 KMO 检验值，可以看出这些指标整体的 KMO 值均大于 0.5，表明它们适合进行因子分析。根据社会资本各维度因子分析的特征根和方差贡献率表①，选择特征根大于 1 的因子作为主因子，表 6 - 3 的第 2 行和第 3 行列出了主因子数量和累计方差贡献率情况，可以看出社会网络、信任和互惠的主因子有 2 个，累计方差贡献率分别为 47%、57% 和 47%。

表 6 - 3　因子分析 KMO 检验

变量	社会网络	信任	互惠
KMO 检验	0.55	0.62	0.5
主因子数量	2	2	2
累计方差贡献率	0.47	0.57	0.47

---

　　① 这部分内容只是中间分析的一个过程，为了避免表格过多，书中没有给出相应的表格。

根据主因子得分，以其方差贡献率作为权数，计算了农村家庭的社会资本各要素的综合得分，用 socialnet 代表社会网络、trust 代表信任、recipro 反映互惠，各变量的描述性统计如表 6 - 4 所示。

表 6 - 4　因子分析后社会资本各变量描述性统计

变量	观测值	均值	中位数	标准差	最小值	最大值
socialnet	6651	4.81e - 16	0.88	0.71	- 2.92	1.37
trust	6586	- 5.69e - 17	- 0.09	0.72	- 2.08	3.76
recipro	6635	- 2.05e - 16	- 0.16	0.71	- 0.25	15.71

从表 6 - 4 中可以看出，各变量的标准差相对于平均水平而言，数值较大，这表明农村家庭社会资本存在较大的差异。整体而言，社会网络的中位数为 0.88、信任为 - 0.09、互惠为 - 0.16，表明社会网络的平均水平要高于信任和互惠的水平。

三、社会资本对中国农村家庭金融资产选择及排斥影响的实证模型

（一）模型设定

为了对于前文提出的假设进行验证，本节将要对社会资本各变量与农村家庭金融资产参与状况、参与深度以及金融资产选择的排斥之间的关系进行实证分析，对此将分别采用如下模型进行验证。

在分析金融资产参与概率时，由于这是一个二元选择问题，即是否投资于金融资产，因此需要使用二元离散选择模型，对此，按照多数文献的做法，采用 Probit 模型来研究，模型具体形式如下：

$$pro(hold_i = 1) = \Phi(\alpha \cdot socialcap_i + X\beta + u_i) \qquad （式 6.1）$$

模型中，因变量 $hold_i$ 为反映家庭是否选择持有金融资产的虚拟变量，如果持有金融资产，取值为 1，否则为 0。由于金融资产分为无风险资产和

风险资产，故我们将分别考察。$socialcap_i$ 指社会资本变量，是本部分所要重点考察的自变量，X 为控制变量，u_i 为模型的随机扰动项。

在分析金融资产投资比例时，由于仅当家庭持有金融资产时，金融资产在家庭资产中的比重才可以观测，如果家庭不持有金融资产，这一数值是无法观测的，其数值通常为 0。以此类具有截断特征的变量作为因变量时，经典线性回归模型不再适用，需要采用截断回归模型，对此，使用最为常用的 Tobit 模型来分析社会资本与农村家庭金融资产持有比例的关系。该模型的具体形式为：

$$share_i^* = \theta \cdot socialcap_i + X\beta + u_i \qquad （式6.2）$$
$$share_i = max\ (0,\ share_i^*)$$

模型中，因变量 $share_i$ 为金融资产占家庭总资产的比重，其他变量的含义与式 6.1 相同。

上述两个模型刻画了社会资本与农村家庭金融资产选择的关系，根据前文的结论，农村家庭在金融资产选择方面存在一定程度的金融排斥，从而制约了其金融资产的配置。而社会资本之所以能够提高农村家庭的金融资产选择，原因在于其能够通过前文所述的机制和途径缓解农村家庭的金融排斥，尤其是需求排斥，对此，我们进一步分析社会资本与农村家庭金融资产选择的需求排斥的关系。其模型具体形式为：

$$dexclu_i = \alpha + \gamma \cdot socialcap_i + X\beta + u_i \qquad （式6.3）$$

模型中，因变量 $dexclu_i$ 为需求排斥，其数值来源于前文关于农村家庭金融资产选择排斥的测量结果，其他变量与式 6.1 和式 6.2 相同。

（二）变量及说明

上述模型中，各变量的具体情况如表 6 - 5 所示，其中因变量有 5 个，unriskhold 反映家庭无风险金融资产持有状况[①]，如果家庭持有此类资产，

---

① 这里的无风险资产主要是定期存款。

则该变量值为 1，否则为 0。riskhold 反映家庭风险金融资产持有状况①，同样如果家庭持有风险金融资产，则该变量值为 1，否则为 0。unriskshare 和 riskshare 则分别表示家庭无风险金融资产和风险金融资产占家庭总资产的比重，反映了金融资产配置的深度情况。dexclu 为反映农村家庭金融资产选择需求排斥的变量，其数值来自第四章利用指标体系和熵值法对于这一排斥的测量。

社会资本变量为 socialnet、trust 和 recipro，分别表示农村家庭的社会网络、信任以及互惠，其数据来自前文的测量，本书将分别用这几个变量作为自变量进行回归分析，从而对于前文的假设进行检验。

表 6-5　变量列表

变量符号	含义	解释
因变量		
unriskhold	无风险金融资产持有状况	持有无风险金融资产为 1，否则为 0
riskhold	风险金融资产持有状况	持有风险金融资产为 1，否则为 0
unriskshare	无风险金融资产比例	无风险金融资产/总资产
riskshare	风险金融资产比例	风险金融资产/总资产
dexclu	需求排斥	反映农村家庭金融资产选择的需求排斥，数据来自前文的测量
社会资本变量		
socialnet	社会网络	社会网络状况
trust	信任	信任程度
recipro	互惠	互惠程度
控制变量		
age	年龄	户主的年龄
gender	性别	户主的性别，男性为 1，女性为 0
education	教育年限	根据户主的教育程度折算成年限
married	婚姻	户主已婚为 1，未婚为 0
health	健康状况	分为不健康、一般、比较健康、很健康和非常健康五个等级，赋值 1—5

---

①　风险金融资产包括股票、基金、债券、理财产品和金融衍生品等，对此前文已经予以界定。

续表

变量符号	含义	解释
famsize	家庭规模	家庭人口数量
fincome	净收入	家庭净收入的对数（万元）
asset	净资产	家庭净资产（万元）
private	个体经营	家庭是否从事个体生产经营，从事为 1，不从事为 0

控制变量方面，借鉴已有文献的研究成果和同类研究的做法（尹志超等，2014），将分别从户主特征和家庭特征等方面选择相关变量，其中户主特征变量包括年龄（age）、性别（gender）、教育年限（education）、婚姻（married）、健康状况（health），其中性别和婚姻为虚拟变量，男性和已婚为 1，女性和未婚为 0，教育年限根据被调查者的教育程度进行转化，CFPS问卷中教育程度选项为文盲/半文盲、小学、初中、高中/中专/技校、大专、大学、硕士和博士，依次转换为教育年限 0、6、9、12、15、16、19 和 21 年。健康状况包括不健康、一般、比较健康、很健康、非常健康五个等级，分别赋值为 1—5。家庭特征变量包括家庭规模（famsize）、净收入（fincome）、净资产（asset）和个体经营（private），其中家庭规模为家庭人口数量；净收入为家庭总收入减去总支出后的余额，净资产为家庭资产减去负债后的余额，单位都为万元；个体经营为反映家庭是否从事个体工商业的虚拟变量，从事个体经营为 1，否则为 0。此外，模型中还控制了地区固定效应。

上述变量的描述性统计状况如表 6-6 所示，由于社会资本变量的描述性统计上文已经给出，表 6-6 只给出了因变量和控制变量的描述性统计信息。从因变量看，在有效样本内，农村家庭无风险资产即定期存款参与比例较高，约有一半的家庭都选择将定期存款作为金融资产配置的方式；而风险资产参与比例较低，仅为 0.08%，对此前文已经进行了分析。从金融资产比重看，无风险资产占总资产比重为 12.4%，占比相对较高；而风险资产占比微乎其微。

表6-6　因变量和控制变量的描述性统计

变量	观测值	均值	标准差	最小值	最大值
unriskhold	2409	0.502	0.5	0	1
riskhold	7039	0.008	0.087	0	1
unriskshare	2390	0.124	0.197	0	1
riskshare	6971	0.00052	0.0094	0	0.356
dexclu	227	2.55	0.657	1.127	4.145
age	6894	50.14	13.99	16	92
gender	6894	0.563	0.496	0	1
education	7032	5.377	4.481	0	19
married	6894	0.95	0.217	0	1
health	6889	2.889	1.291	1	5
famsize	7042	3.968	1.956	1	17
fincome	6427	0.806	1.358	-9.21	6.087
asset	6664	23.42	39.6	-225.5	1066
private	7042	0.073	0.261	0	1

从户主特征看，户主平均年龄为50.14岁，男性占多数；平均教育年限为5.377年，表明农村家庭整体受教育程度较低，仅相当于小学教育程度。户主平均健康水平为2.889，整体健康状况较好。而从家庭特征看，平均家庭人口数接近4人，说明农村家庭平均养育两个子女，另外约有7%的家庭从事私人经营活动。从收入和财产状况看，这两个变量的标准差较大，表明农村家庭的收入和财产差别较大，极端值也较为严重，其最小值均小于0，表明有些家庭净资产和净收入都为负值，由于异常值会影响数据分析结果，对此在回归时将对这两个变量在1%和99%的水平上进行缩尾处理。

四、社会网络与中国农村家庭金融资产选择及排斥

（一）社会网络与中国农村家庭金融资产选择

表6-7为社会网络（socialnet）对于各因变量和模型的估计结果，其中第（1）列为社会网络对无风险资产持有可能性的估计结果，从中可以看出，其影响并不显著，原因可能在于，我们用定期存款衡量无风险资产，这一金融资产能够得到普遍的认同和接受，对于家庭的金融知识和决策能力几乎没有什么要求，因而农村家庭不需要通过与社会网络成员的交流和沟通，以及信息和知识的传递也可以独立作出配置决策，由此社会网络对于这一类资产的投资决策影响较小。

表6-7　社会网络与农村家庭金融资产选择实证分析结果

	（1）	（2）	（3）	（4）	（5）
	unriskhold	riskhold	unriskshare	riskshare	dexclu
socialnet	-0.013	0.003**	-0.002	0.004**	-0.229*
	(0.016)	(0.002)	(0.004)	(0.002)	(0.132)
age	0.004***	-0.000**	0.001***	-0.000**	-0.003
	(0.001)	(0.000)	(0.000)	(0.000)	(0.005)
gender	-0.054**	0.008***	-0.004	0.008**	0.754***
	(0.023)	(0.003)	(0.005)	(0.003)	(0.090)
education	0.014***	0.001***	0.003***	0.001***	-0.045***
	(0.003)	(0.000)	(0.001)	(0.000)	(0.012)
married	0.028	0.009*	0.020	0.010*	0.790***
	(0.051)	(0.005)	(0.014)	(0.006)	(0.185)
health	0.023***	0.000	0.005**	0.000	-0.108***
	(0.009)	(0.001)	(0.002)	(0.001)	(0.039)
famsize	-0.016***	-0.001	-0.009***	-0.001	0.012
	(0.006)	(0.001)	(0.002)	(0.001)	(0.030)

	（1）	（2）	（3）	（4）	（5）
	unriskhold	riskhold	unriskshare	riskshare	dexclu
fincome	0.026＊＊	0.002	0.010＊＊＊	0.002	－0.170＊＊＊
	（0.011）	（0.001）	（0.003）	（0.002）	（0.053）
asset	0.011＊＊＊	0.001＊＊＊	－0.002＊＊＊	0.001＊＊＊	－0.028＊＊＊
	（0.004）	（0.000）	（0.001）	（0.000）	（0.009）
private	－0.045	0.001	－0.019＊＊	0.001	－0.163
	（0.039）	（0.003）	（0.009）	（0.002）	（0.106）
地区	控制	控制	控制	控制	控制
Observations	2254	6175	2254	6175	157
R^2	0.03	0.28	0.04	0.34	0.26

注：表中的系数均为边际效应，括号内为稳健标准误，＊＊＊、＊＊和＊分别表示在1%、5%和10%的水平上显著。

表中第（2）列为社会网络对于农村家庭风险资产配置的影响，可以看出，在控制了户主特征、家庭特征和地区固定效应后，社会网络对农村家庭风险资产配置的影响在5%的水平上显著，其影响的边际效应为0.003，这表明社会网络能够提高农村家庭风险资产配置的可能性，从而验证了假设H1a中提出的，社会网络能够促进农村家庭将财富适当配置在风险金融资产中，以获得预期的收益。

进一步分析社会网络对于农村家庭无风险资产和风险资产配置比例的影响，表6-7中第（3）列和第（4）列为其实证分析结果。从中可以看出，与第（1）列和第（2）列结果基本一致，社会网络对于农村家庭无风险金融资产的持有比例没有显著影响，而对于风险金融资产持有比例的边际效应为0.004，这一影响同样在5%的水平上显著，从而进一步验证了假设H1b中所提的，社会网络能够提高农村家庭风险金融资产的配置比例。

从控制变量来看，男性的风险资产配置意愿要更强，户主的年龄与无风险资产选择正相关，与风险资产选择负相关，原因可能在于随着年龄的增大，农村家庭居民的预防性储蓄的动机会逐渐增强，因而无风险资产配置意愿会增加，风险资产配置意愿会下降。户主的教育程度、健康状况与家庭金融资产配置正相关，而家庭规模则具有负的影响，家庭收入和净资产对于金融资产配置具有正的影响，这与其他学者的研究基本一致。而家庭从事个体经营活动对于无风险资产持有比例具有负的影响，与风险资产配置比例没有显著的关系，原因可能在于家庭私营本身就是一项风险投资，具有挤出效应，会挤占家庭其他投资。

（二）社会网络与农村家庭金融资产选择及排斥

社会网络为何会与农村家庭无风险金融资产配置无关，却能显著提高其风险金融资产配置的可能性和比例？如同前文对于其影响机制的分析，农村家庭在金融资产选择中面临着一定程度的排斥，包括需求排斥和供给排斥，这一排斥尤其是需求排斥在风险金融资产选择中体现得更为明显，而社会网络能够通过信息传递、知识传播等效应，缓解农村家庭的需求排斥，进而促进其风险金融资产的选择。而无风险资产由于排斥程度较低，因而社会网络的作用体现得并不显著。

为了对于这一机制进行验证，我们对社会网络与农村家庭金融资产选择中需求排斥的关系进行了实证分析，表6-7中第（5）列给出了回归的结果，从中可以看出，社会网络对于需求排斥的影响为-0.229，且在10%的水平上显著，这表明二者之间存在一定程度的负相关，从而验证了假设H1c的观点。

从控制变量来看，教育程度、家庭收入和净资产均与农村家庭金融资产选择及排斥负相关，原因在于教育程度越高，家庭对于金融资产的认识越深刻，金融知识和学习能力越强，认知排斥和知识排斥相应越低。而家庭收入和净资产越高，其资金和风险承受能力越强，流动性排斥和风险排斥越低。而户主为男性、已婚的家庭需求排斥相对较高，原因可能在于相对于男性，女性对于家庭财务问题更为重视和关注，而已婚的家庭开支相对较多，尤其是对于农村家庭而言，经济压力更大，因此面临的需求排斥更严重。

（三）内生性问题及工具变量回归

式6.1、式6.2和式6.3的模型中，可能存在由于遗漏变量而导致社会网络变量存在内生性，从而导致估计结果的有偏，对此我们采用工具变量进行检验和估计。在工具变量方面，选择社区其他家庭的平均社会网络状况，由于共同生活在一个社区中，家庭之间通常存在相互交往，因而某一家庭的社会网络可能与其他家庭存在一定程度的相关，而其他家庭的社会网络与该家庭的可能遗漏在随机项中的其他特征相关性不强。利用这一工具变量，对于上述模型分别进行了估计（见表6-8）。

表6-8 社会网络内生性检验和工具变量估计

	(1)	(2)	(3)	(4)	(5)
	unriskhold	riskhold	unriskshare	riskshare	dexclu
socialnet	0.138**	0.015**	0.050**	0.009*	-0.223*
	(0.063)	(0.007)	(0.020)	(0.005)	(0.127)
age	0.004***	-0.000*	0.001***	-0.000***	0.006
	(0.001)	(0.000)	(0.000)	(0.000)	(0.004)
gender	-0.039*	0.012*	0.000	0.008***	-0.071
	(0.023)	(0.007)	(0.006)	(0.002)	(0.081)
education	0.012***	0.001*	0.003***	0.001**	-0.021**
	(0.003)	(0.001)	(0.001)	(0.000)	(0.010)
married	-0.004	0.012	0.013	0.009*	0.389**
	(0.054)	(0.009)	(0.016)	(0.005)	(0.185)
health	0.010	-0.000	0.001	-0.000	-0.011
	(0.010)	(0.001)	(0.003)	(0.001)	(0.036)
famsize	-0.014**	-0.001	-0.008***	-0.001	0.009
	(0.006)	(0.001)	(0.002)	(0.001)	(0.021)
fincome	0.017	0.003	0.007**	0.002	-0.126**
	(0.012)	(0.002)	(0.003)	(0.002)	(0.051)

续表

	（1）	（2）	（3）	（4）	（5）
	unriskhold	riskhold	unriskshare	riskshare	dexclu
asset	0.007*	0.001**	−0.003***	0.001***	−0.016**
	(0.004)	(0.000)	(0.001)	(0.000)	(0.007)
private	−0.033	0.001	−0.017*	0.001	−0.384***
	(0.038)	(0.004)	(0.009)	(0.003)	(0.102)
地区	控制	控制	控制	控制	控制
Observations	2185	6049	2185	6049	196
第一阶段回归F值	22.06	70.43	26.63	70.55	12.23
内生性检验	4.97**	1.58	7.18***	1.19	1.52

注：表中的系数均为边际效应，括号内为稳健标准误，***、**和*分别表示在1%、5%和10%的水平上显著。最后一行为内生性检验的统计量值，其中第（1）—（4）列为Wald检验，第（5）列为DWH检验。

表6-8中第（1）列和第（3）列分别为社会网络对于无风险金融资产持有可能性和配置比例的工具变量估计结果，从第一阶段回归F统计量值看，其值分别为22.06和26.63，根据经验判断，这一数值大于10，表明模型不存在弱工具变量问题。而内生性检验 Chi² 统计量值分别为4.97和7.18，在5%和1%的水平上显著，意味着可以拒绝原假设，即在这两个模型中，社会网络变量存在内生性。最后从估计结果看，社会网络对于无风险资产参与概率与配置比例的边际效应分别为0.138和0.050，均在5%的水平上显著，表明社会网络可以促进农村家庭定期存款等无风险金融资产的配置，这验证了假设H1a的内容。与表6-7对比来看，二者有所不同，表6-7的估计结果反映社会网络与无风险金融资产选择没有显著的关系，这可能是由于变量内生性导致的偏误所致。

表6-8中第（2）列和第（4）列分别为社会网络对于风险金融资产持有可能性和配置比例的工具变量估计结果，其第一阶段F统计量值分别为70.43和70.55，同样大于10，可以认为不存在弱工具变量问题。而内生性检验统计量均

不显著，表明在这两个模型中，社会网络变量并不存在严重的内生性，而从变量的估计和检验结果看，与表6-7基本一致，其边际效应均显著为正。

表6-8中第（5）列为社会网络对于需求排斥的工具变量估计结果，可以看出，也不存在非弱工具变量，模型中也没有严重的内生性，且社会网络的影响系数与表6-7基本一致，同样显著为负。

综上所述，从各模型的工具变量估计结果看出，总体上与表6-7基本一致，均能够在不同程度上验证本章提出的假设H1a、H1b和H1c。

（四）稳健性检验

为了检验上文结果的稳健性，我们采用家庭每月的通信费用（commuexp）作为社会网络的代理变量重新进行估计，其单位调整为千元①。家庭的社会交往范围越广、越频繁，其通信费用相应也会越多，因而通信费用能够在一定程度上部分反映家庭的社会网络状况。表6-9给出了稳健性检验的估计结果。

从稳健性估计结果看，通信费高的家庭，其无风险金融资产持有可能性及持有比例并没有显著变化，但风险金融资产持有可能性较高，这类资产的配置比例也较高，其边际效应分别为0.005和0.007，并在5%和10%的水平上显著，同时，此类家庭面临的金融资产选择排斥也相对较低，其系数为-0.501，在10%的水平上显著。这一结果与表6-7的估计基本一致，没有发生根本性的变化，表明回归结果是稳健的。

表6-9 社会网络稳健性检验结果

	(1)	(2)	(3)	(4)	(5)
	dexclu	unriskhold	riskhold	unriskshare	riskshare
commuexp	-0.095	0.005**	-0.014	0.007*	-0.501*
	(0.076)	(0.003)	(0.026)	(0.004)	(0.290)

———————

① 通常学者都采用取自然对数后的变量，但由于许多农村家庭这一数值为0，取对数会导致数据缺失。

续表

	（1）	（2）	（3）	（4）	（5）
	unriskhold	riskhold	unriskshare	riskshare	dexclu
age	0.004***	−0.000	0.001***	−0.000	0.003
	（0.001）	（0.000）	（0.000）	（0.000）	（0.004）
gender	−0.056**	0.007***	−0.004	0.007**	0.039
	（0.023）	（0.003）	（0.006）	（0.003）	（0.090）
education	0.014***	0.001***	0.003***	0.001***	−0.029***
	（0.003）	（0.000）	（0.001）	（0.000）	（0.010）
married	0.025	0.008	0.019	0.009	0.345**
	（0.051）	（0.006）	（0.014）	（0.006）	（0.171）
health	0.022**	0.000	0.005**	0.000	−0.018
	（0.009）	（0.001）	（0.002）	（0.001）	（0.037）
famsize	−0.014**	−0.001*	−0.008***	−0.001*	0.022
	（0.006）	（0.001）	（0.002）	（0.001）	（0.022）
fincome	0.028***	0.003*	0.010***	0.002	−0.147***
	（0.010）	（0.001）	（0.003）	（0.001）	（0.048）
asset	0.011***	0.001***	−0.002**	0.000***	−0.012*
	（0.004）	（0.000）	（0.001）	（0.000）	（0.006）
private	−0.043	0.001	−0.018**	0.002	−0.247**
	（0.039）	（0.002）	（0.009）	（0.002）	（0.114）
地区	控制	控制	控制	控制	控制
Observations	2250	6184	2257	6212	208
R^2	0.03	0.26	0.04	0.31	0.26

注：表中的系数均为边际效应，括号内为稳健标准误，***、**和*分别表示在1%、5%和10%的水平上显著。

五、信任与中国农村家庭金融资产选择及排斥

（一）信任与中国农村家庭金融资产选择

1. 总体信任

表6-10给出了信任对于农村家庭金融资产选择影响的估计结果，从中可以看出，无论对于无风险金融资产还是风险金融资产而言，包括金融资产选择的持有可能性和持有比例，信任均没有显著的影响，这一结论并没有支持前文提出的假设H2a和H2b，这两个假设认为信任可以促进金融资产和风险金融资产的配置和投资比例。

表6-10 信任与农村家庭金融资产选择实证分析结果

	（1）	（2）	（3）	（4）
	unriskhold	riskhold	unriskshare	riskshare
trust	0.007	0.001	0.002	0.001
	(0.015)	(0.001)	(0.004)	(0.001)
age	0.004***	-0.000**	0.001***	-0.000**
	(0.001)	(0.000)	(0.000)	(0.000)
gender	-0.054**	0.008***	-0.004	0.008**
	(0.023)	(0.003)	(0.006)	(0.003)
education	0.014***	0.001***	0.003***	0.001***
	(0.003)	(0.000)	(0.001)	(0.000)
married	0.033	0.010*	0.021	0.010*
	(0.051)	(0.006)	(0.015)	(0.006)
health	0.022**	0.000	0.005**	0.000
	(0.009)	(0.001)	(0.002)	(0.001)
famsize	-0.016***	-0.001	-0.009***	-0.001*
	(0.006)	(0.001)	(0.002)	(0.001)
fincome	0.025**	0.002	0.010***	0.002
	(0.010)	(0.001)	(0.003)	(0.002)

续表

	（1）	（2）	（3）	（4）
	unriskhold	riskhold	unriskshare	riskshare
asset	0.010***	0.001***	－0.002***	0.001***
	（0.004）	（0.000）	（0.001）	（0.000）
private	－0.047	0.002	－0.019**	0.002
	（0.039）	（0.003）	（0.009）	（0.002）
地区	控制	控制	控制	控制
Observations	2243	6118	2243	6118
Pseudo R^2	0.03	0.27	0.04	0.34

注：表中的系数均为边际效应，括号内为稳健标准误，***、**和*分别表示在1%、5%和10%的水平上显著。

之所以出现这一状况，我们认为，信任分为个人信任和普遍信任，这两种信任对于农村家庭金融资产选择的影响可能不同，如同前文分析，信任影响家庭金融资产选择主要是通过信息的传递和知识的传播，这主要是个人信任所起到的作用；而普遍信任则可以降低交易双方的不确定性，使投资者相信能够实现预期的收益，从而促进金融资产尤其是风险资产的选择。在这种情况下，如果将两种信任综合在一起，研究其对于农村家庭金融资产选择的影响，可能会导致整体信任影响不显著的结果。对此需要进一步分别对个人信任和普遍信任的影响进行实证分析。

2. 个人信任

个人信任指对于与之交往的社会成员的信任，根据表6-1，用对父母和邻居的信任来度量，由于只有两个指标，不适合运用因子分析，因此我们采用简单平均来计算个人信任的整体数值，用 indtrust 代表①。表6-11给出了个人信任对于各因变量与式6.1和式6.2的回归结果。

---

① 简化起见，书中没有给出个人信任的描述性统计。

表6－11　个人信任与农村家庭金融资产选择实证结果

	（1）	（2）	（3）	（4）
	unriskhold	riskhold	unriskshare	riskshare
indtrust	0.000	0.000	－0.000	0.000
	（0.009）	（0.001）	（0.002）	（0.001）
age	0.004＊＊＊	－0.000＊＊	0.001＊＊＊	－0.000＊＊
	（0.001）	（0.000）	（0.000）	（0.000）
gender	－0.053＊＊	0.008＊＊＊	－0.004	0.008＊＊
	（0.023）	（0.003）	（0.006）	（0.003）
education	0.014＊＊＊	0.001＊＊＊	0.003＊＊＊	0.001＊＊＊
	（0.003）	（0.000）	（0.001）	（0.000）
married	0.027	0.009	0.020	0.010＊
	（0.051）	（0.006）	（0.014）	（0.006）
health	0.022＊＊	0.000	0.005＊＊	0.000
	（0.009）	（0.001）	（0.002）	（0.001）
famsize	－0.016＊＊＊	－0.001	－0.009＊＊＊	－0.001
	（0.006）	（0.001）	（0.002）	（0.001）
fincome	0.025＊＊	0.002	0.010＊＊＊	0.002
	（0.011）	（0.001）	（0.003）	（0.002）
asset	0.011＊＊＊	0.001＊＊＊	－0.002＊＊＊	0.001＊＊＊
	（0.004）	（0.000）	（0.001）	（0.000）
private	－0.046	0.002	－0.019＊＊	0.002
	（0.039）	（0.002）	（0.009）	（0.003）
地区	控制	控制	控制	控制
Observations	2256	6186	2256	6186
Pseudo R^2	0.03	0.27	0.04	0.34

注：表中的系数均为边际效应，括号内为稳健标准误，＊＊＊、＊＊和＊分别表示在1%、5%和10%的水平上显著。

从表6－11中可以看出，个人信任对于农村家庭金融资产选择的影响不显著，由于个人信任通过信息传递、知识传播等途径来影响金融资产选择，回归结果的不显著可能与个人信任在信息传递和知识传播等方面发挥的作用并不明显有关。

3. 普遍信任

普遍信任指对于多数人尤其是没有交往过的社会成员的信任,用对美国人、陌生人、医生和干部的信任来综合衡量这一信任的状况。同样采用因子分析法,对于这些指标进行综合,经过检验,KMO 值为 0.54,大于 0.5,适合进行因子分析。根据特征根,可以抽取 2 个主因子,其累计方差贡献率为 74%,利用因子得分和方差贡献率,计算了普遍信任的综合数值,用 socialtrust 来表示这一变量[①]。利用普遍信任的度量进行了回归,表 6 – 12 列出了详细的回归结果。

表 6 – 12 普遍信任与农村家庭金融资产选择实证结果

	(1)	(2)	(3)	(4)	(5)	(6)
	unriskhold	riskhold	unriskshare	riskshare	dexclu	riskexclu
socialtrust	0.019 *	0.002 *	0.007 * *	0.002 *	− 0.037	− 0.130 * *
	(0.011)	(0.001)	(0.003)	(0.001)	(0.056)	(0.056)
age	0.004 * * *	− 0.000 * *	0.001 * * *	− 0.000 * *	0.001	0.018 * * *
	(0.001)	(0.000)	(0.000)	(0.000)	(0.004)	(0.007)
gender	− 0.054 * *	0.008 * * *	− 0.004	0.008 * *	0.052	0.002
	(0.023)	(0.003)	(0.006)	(0.003)	(0.108)	(0.140)
education	0.013 * * *	0.001 * * *	0.003 * * *	0.001 * * *	− 0.029 * *	− 0.024 *
	(0.003)	(0.000)	(0.001)	(0.000)	(0.013)	(0.013)
married	0.034	0.010 *	0.022	0.010 *	0.497 * *	− 0.096
	(0.051)	(0.006)	(0.015)	(0.006)	(0.235)	(0.262)
health	0.022 * *	0.000	0.005 * *	0.000	− 0.060	− 0.040
	(0.009)	(0.001)	(0.002)	(0.001)	(0.047)	(0.042)
famsize	− 0.016 * * *	− 0.001	− 0.009 * * *	− 0.001	− 0.025	− 0.009
	(0.006)	(0.001)	(0.002)	(0.001)	(0.025)	(0.030)
fincome	0.024 * *	0.002	0.010 * * *	0.002	− 0.119 * *	− 0.185 * * *
	(0.010)	(0.001)	(0.003)	(0.002)	(0.049)	(0.057)

---

① 简化起见,书中没有列出该变量的描述性统计。

续表

	（1）	（2）	（3）	（4）	（5）	（6）
	unriskhold	riskhold	unriskshare	riskshare	dexclu	riskexclu
asset	0.010 * * *	0.001 * * *	− 0.002 * * *	0.001 * * *	− 0.033 * * *	− 0.016
	（0.004）	（0.000）	（0.001）	（0.000）	（0.012）	（0.011）
private	− 0.048	0.002	− 0.019 * *	0.002	− 0.249 *	− 0.203
	（0.039）	（0.002）	（0.009）	（0.002）	（0.146）	（0.264）
地区	控制	控制	控制	控制	控制	控制
Observations	2244	6127	2244	6127	207	225
R^2	0.03	0.27	0.04	0.35	0.328	0.376

注：表中的系数均为边际效应，括号内为稳健标准误，* * *、* *和*分别表示在1%、5%和10%的水平上显著。

表6－12中第（1）列和第（2）列为对于无风险和风险金融资产持有可能性的估计，从估计结果可以看出，农村家庭的普遍信任对于其金融资产参与的概率有正的影响，其中对于无风险金融资产边际效应为0.019、对于风险金融资产边际效应为0.002，均在10%的水平上显著，表明农村家庭的普遍信任程度越高，越可能将家庭财富配置在金融资产方面，这部分验证了假设 H2a 的观点。

表6－12中第（3）列和第（4）列为对于两类金融资产配置比例的估计结果，可以看出，普遍信任对于无风险金融资产配置比例的边际效应为0.007，且在5%的水平上显著；对于风险金融资产配置比例的边际效应为0.002，在10%的水平上显著，说明农村家庭的普遍信任程度越高，其金融资产配置比例也会相应提高，从而使得假设 H2b 得到了部分验证。

（二）信任与农村家庭金融资产选择及排斥

从上述结果可以看出，虽然个人信任对于农村家庭金融资产配置没有显著的影响，但普遍信任却可以在一定程度上提高农村家庭金融资产配置的可能性和配置比例。原因在于，普遍信任可以降低不确定性，缓解农村家庭的风险排斥，增加家庭的投资信心，从而促进金融资产的投资和金融交易的发生。对此，我们利用式6.3进行了估计和检验，表6-12的第（5）列和第（6）列给出了估计结果。

第（5）列为普遍信任对于整体需求排斥的影响，可以看出这一影响并不显著，由于需求排斥包括多个方面，这一结果意味着这一变量可能不会对全部或者大部分需求排斥产生缓解作用。根据前文分析，普遍信任主要通过降低信息不对称和不确定性，缓解风险排斥，对此我们进一步分析了其与风险排斥（riskexclu）的关系，风险排斥数据来自第四章的测量结果。表6-12中第（6）列给出了这一影响的回归结果，从中可以看出，普遍信任与农村家庭金融资产选择的风险排斥存在较为显著的负相关，其边际效应为-0.130，且在5%的水平上显著，这部分验证了前文对于其影响途径的分析（假设H2c）。

（三）　内生性问题及工具变量回归

表6-12的估计结果表明，普遍信任对于农村家庭金融资产选择具有一定的促进作用，但考虑到模型设定中可能存在遗漏变量导致的内生性问题，从而使得这一估计结果有偏和不一致。对此，我们以被调查家庭所居住地区其他家庭平均的普遍信任水平作为工具变量进行估计。表6-13为运用工具变量进行估计和检验的结果。

表中倒数第2行为第一阶段回归的F统计量值，可以据此判断工具变量的弱工具性，从检验结果看，除第（5）列外，各模型的F值均大于10，而且第（5）列F值接近于10，据此可以认为所选工具变量并非弱工具变量。表6-13最后一行为各模型的内生性检验结果，其原假设为模型不存在内生性，从检验结果可以看出，除第（5）列的模型存在严重的内生性外，其他4列模型的内生性问题并不严重。

最后从各列模型的估计结果看，除对无风险金融资产的配置比例没有显著影响外，普遍信任对于金融资产选择的意愿和风险金融资产配置比例均具有一定程度的促进作用，而对风险排斥具有一定的缓解，这与表6-12

的结论基本一致。

表6－13 普遍信任工具变量回归和检验结果

	（1）	（2）	（3）	（4）	（5）
	unriskhold	riskhold	unriskshare	riskshare	riskexclu
socialtrust	0.074*	0.006*	0.014	0.005*	－0.760**
	(0.041)	(0.002)	(0.010)	(0.003)	(0.343)
age	0.004***	－0.000**	0.001***	－0.000***	－0.006
	(0.001)	(0.000)	(0.000)	(0.000)	(0.007)
gender	－0.040*	0.009**	－0.003	0.007***	0.068
	(0.024)	(0.004)	(0.006)	(0.002)	(0.163)
education	0.013***	0.001**	0.003***	0.001**	－0.005
	(0.003)	(0.000)	(0.001)	(0.000)	(0.019)
married	0.050	0.012	0.025	0.010*	－0.110
	(0.057)	(0.009)	(0.015)	(0.005)	(0.385)
health	0.021**	0.000	0.004*	0.000	－0.062
	(0.009)	(0.001)	(0.002)	(0.001)	(0.067)
famsize	－0.013**	－0.001	－0.010***	－0.001*	0.001
	(0.006)	(0.001)	(0.002)	(0.001)	(0.043)
fincome	0.021**	0.002	0.010***	0.002	－0.147*
	(0.009)	(0.002)	(0.003)	(0.001)	(0.089)
asset	0.000	0.001***	－0.002***	0.001***	0.003
	(0.004)	(0.000)	(0.001)	(0.000)	(0.015)
private	0.017	0.002	－0.016*	0.002	0.158
	(0.040)	(0.003)	(0.009)	(0.002)	(0.234)
地区	控制	控制	控制	控制	控制
Observations	2014	5997	2175	5996	213
第一阶段回归F值	18.31	58.65	20.13	54.79	9.05
内生性检验	1.38	1.37	0.50	1.56	8.08***

注：表中的系数均为边际效应，括号内为稳健标准误，***、**和*分别表示在1%、5%和10%的水平上显著。最后一行为内生性检验的统计量值，其中第（1）—（4）列为 Wald 检验，第（5）列为 DWH 检验。

（四）稳健性检验

为了检验普遍信任估计结果的稳健性，我们采用农村居民对于信任的看法作为替代变量，这一变量来自对居民有关"他人是否可信"的调查，选择可信的赋值为 2、不可信赋值为 1，这一变量用 trustcon 表示。表 6 - 14 给出了用这一变量作为自变量的估计结果。

从估计结果看，对于信任认同的家庭其金融资产配置的可能性和比例都相应要高，对于无风险金融资产参与可能性与比例的边际效应分别是 0.055 和 0.019，在 5% 和 1% 的水平上显著；对于风险金融资产的边际效应皆为 0.004，在 10% 的水平上显著。对于风险排斥的边际效应为 - 0.307，同样在 10% 的水平上显著，这与表 6 - 12 的估计结果基本一致，没有发生根本的变化，因此上述回归结果是稳健的。

表 6 - 14 普遍信任与农村家庭金融资产选择与排斥稳健性检验结果

	（1）	（2）	（3）	（4）	（5）
	unriskhold	riskhold	unriskshare	riskshare	riskexclu
trustcon	0.055 * *	0.004 *	0.019 * * *	0.004 *	- 0.307 *
	(0.027)	(0.002)	(0.007)	(0.003)	(0.156)
age	0.004 * * *	- 0.000 *	0.001 * * *	- 0.000 *	0.019 * * *
	(0.001)	(0.000)	(0.000)	(0.000)	(0.007)
gender	- 0.053 * *	0.007 * * *	- 0.003	0.007 * *	- 0.014
	(0.023)	(0.003)	(0.006)	(0.003)	(0.140)
education	0.014 * * *	0.001 * * *	0.003 * * *	0.001 * * *	- 0.025 *
	(0.003)	(0.000)	(0.001)	(0.000)	(0.015)
married	0.025	0.008	0.020	0.009	- 0.015
	(0.051)	(0.006)	(0.014)	(0.006)	(0.300)
health	0.021 * *	0.000	0.005 *	0.000	- 0.043
	(0.009)	(0.001)	(0.002)	(0.001)	(0.042)
famsize	- 0.016 * * *	- 0.001	- 0.009 * * *	- 0.001 *	- 0.006
	(0.006)	(0.001)	(0.002)	(0.001)	(0.030)

续表

	(1)	(2)	(3)	(4)	(5)
	riskexclu	unriskhold	riskhold	unriskshare	riskshare
fincome	0.025 * *	0.002 *	0.010 * * *	0.002	− 0.183 * * *
	(0.001)	(0.003)	(0.002)	(0.056)	—
asset	0.011 * * *	0.001 * * *	− 0.002 * * *	0.001 * * *	− 0.017
	(0.004)	(0.000)	(0.001)	(0.000)	(0.012)
private	− 0.048	0.001	− 0.019 * *	0.001	− 0.223
	(0.039)	(0.003)	(0.009)	(0.002)	(0.264)
地区	控制	控制	控制	控制	控制
Observations	2257	6191	2257	6191	226
R^2	0.03	0.26	0.04	0.33	0.37

注：表中的系数均为边际效应，括号内为稳健标准误，* * *、* * 和 * 分别表示在 1%、5% 和 10% 的水平上显著。

六、互惠与中国农村家庭金融资产选择及排斥

（一）互惠与中国农村家庭金融资产选择

表 6 - 15 给出了互惠对于农村家庭金融资产选择及排斥影响的估计结果，不同于上文关于社会网络和信任的分析，由于家庭的互相帮助可能与其自身的经济状况有关，因而互惠对于金融资产选择的影响效应可能受到家庭经济条件的交互影响，对此我们通过加入互惠和家庭资产的交互项（recipro·asset）来验证这一交互作用。

表 6 - 15 中第（1）列和第（2）列为互惠对于农村家庭无风险金融资产和风险金融资产参与可能性的影响，可以看出：互惠对于无风险金融资产选择没有显著影响，其与资产的交互项也在统计上不显著；而对于风险金融资产选择而言，互惠具有正的影响，其边际效应为 0.002，在 5% 的水

平上显著，这说明互惠可以在一定程度上促进农村家庭的风险金融资产参与的积极性，从而验证了假设 H3a 的观点。

表 6 – 15　互惠与农村家庭金融资产选择估计结果

	（1）	（2）	（3）	（4）	（5）
	unriskhold	riskhold	unriskshare	riskshare	dexclu
recipro	− 0. 013	0. 002 * *	− 0. 009 *	0. 002 * *	− 0. 080 * *
	（0. 020）	（0. 001）	（0. 005）	（0. 001）	（0. 032）
recipro · asset	− 0. 003	− 0. 0002 * * *	− 0. 000	− 0. 0002 * *	0. 000
	（0. 004）	（0. 000）	（0. 001）	（0. 000）	（0. 003）
age	0. 004 * * *	− 0. 000	0. 001 * * *	− 0. 000	0. 003
	（0. 001）	（0. 000）	（0. 000）	（0. 000）	（0. 004）
gender	− 0. 053 * *	0. 006 * *	− 0. 003	0. 006 * *	0. 059
	（0. 023）	（0. 002）	（0. 006）	（0. 003）	（0. 091）
education	0. 014 * * *	0. 001 * * *	0. 003 * * *	0. 001 * * *	− 0. 029 * * *
	（0. 003）	（0. 000）	（0. 001）	（0. 000）	（0. 010）
married	0. 026	0. 008	0. 021	0. 009	0. 334 * *
	（0. 050）	（0. 006）	（0. 014）	（0. 006）	（0. 169）
health	0. 021 * *	0. 000	0. 005 *	0. 000	− 0. 023
	（0. 009）	（0. 001）	（0. 002）	（0. 001）	（0. 037）
famsize	− 0. 016 * * *	− 0. 001	− 0. 009 * * *	− 0. 001 *	0. 009
	（0. 006）	（0. 001）	（0. 002）	（0. 001）	（0. 021）
fincome	0. 026 * *	0. 002	0. 010 * * *	0. 002	− 0. 143 * * *
	（0. 011）	（0. 001）	（0. 003）	（0. 002）	（0. 049）
asset	0. 012 * * *	0. 001 * * *	− 0. 001 * *	0. 001 * * *	− 0. 019 * * *
	（0. 004）	（0. 000）	（0. 001）	（0. 000）	（0. 007）
private	− 0. 040	0. 002	− 0. 018 * *	0. 002	− 0. 258 * *
	（0. 039）	（0. 003）	（0. 009）	（0. 003）	（0. 113）
地区	控制	控制	控制	控制	控制
Observations	2248	6164	2248	6164	207
R^2	0. 03	0. 26	0. 04	0. 33	0. 27

注：表中的系数均为边际效应，括号内为稳健标准误，* * *、* * 和 * 分别表示在 1%、5% 和 10% 的水平上显著。

互惠与家庭资产的交互项对于风险金融资产参与概率也具有显著的影响，其边际效应为 -0.0002，且在 1% 的水平上显著，这意味着互惠对于风险资产参与的影响效应随着家庭财富的增加而减少，或者说互惠对于风险资产选择的影响效应视家庭的经济状况而有差别，对于家庭财富较少的家庭而言，其影响效应更大。原因可能在于，互惠是相互的帮助，对于家庭经济条件较好的家庭，通常是提供给他人的帮助较多，这在一定程度上会挤压家庭的金融资产尤其是风险资产投资。而对于家庭状况较差的家庭，其得到的帮助较多，因此互惠会促进其风险资产的配置。

表 6 - 15 中第 (3) 列和第 (4) 列为互惠对于无风险金融资产和风险金融资产配置比例的影响，从中可以看出，互惠与农村家庭无风险金融资产配置比例具有一定的负相关，其边际效应为 -0.009，在 10% 的水平上显著，原因可能在于，农村家庭持有定期存款等无风险金融资产具有较强的预防性动机，目的在于防范可能出现的家庭困境。而互惠具有相同的作用，可以通过他人的帮助解决家庭的困难，由此互惠对于家庭无风险金融资产配置金额具有一定的替代效应，因而二者呈现负相关。从互惠对于风险金融资产配置比例的影响看，其边际效应为 0.002，在 5% 的水平上显著，表明互惠可以提高农村家庭的风险金融资产配置比例，进一步验证了假设 H3b 的观点。而其与家庭财产的交互项边际效应为负，同样在 5% 的水平上显著，说明互惠对于风险金融资产投资比例的影响也随着家庭经济状况而有差别，家庭财产较少的家庭，互惠对于风险金融资产配置比例的促进作用更大。

(二) 互惠与农村家庭金融资产选择及排斥

根据前文影响机制的分析，互惠之所以能够影响农村家庭金融资产选择，原因在于它能够增强家庭抵御风险的能力，提高风险承担意愿，并且缓解家庭的流动性约束，进而缓解农村家庭金融资产选择的需求排斥（主要是其中的风险排斥和流动性排斥），促进农村家庭风险金融资产的配置。为了对这一影响进行检验，将互惠作为自变量对式 6.3 进行了估计，

表6-15中第（5）列给出了估计和检验结果。

从估计结果可以看出，互惠能够缓解农村家庭的需求排斥，其边际效应为 -0.080，这一影响系数在5%的水平上显著，这也验证了假设 H3c。

（三）内生性问题及工具变量回归

表6-15的模型同样可能存在遗漏变量导致的互惠变量及其交互项存在内生性问题，对此我们选择社区其他家庭平均互惠以及其他家庭平均互惠与其资产的交互项作为工具变量，进行估计。表6-16给出了估计结果。

从表6-16中倒数第2行的第一阶段回归 F 值可以看出，除第（5）列外，均接近或大于10，表明这些模型中工具变量不存在弱工具问题。进一步进行内生性检验，最后一行给出了内生性检验的结果，同样可以看出，除第（5）列，各模型的检验结果也在1%或5%的水平上显著，意味着这些模型中存在一定的内生性问题。

表6-16　互惠工具变量估计和检验结果

	（1）	（2）	（3）	（4）	（5）
	unriskhold	**riskhold**	**unriskshare**	**riskshare**	**dexclu**
recipro	-0.187	0.516**	-0.08	0.146**	-0.132***
	(0.668)	(0.245)	(0.061)	(0.072)	(0.047)
recipro·asset	-0.138	-0.428**	0.004	-0.075**	0.010
	(0.137)	(0.193)	(0.014)	(0.033)	(0.006)
age	0.007***	-0.010	0.001***	-0.002	0.020***
	(0.003)	(0.007)	(0.0003)	(0.001)	(0.005)
gender	-0.082	0.441**	0.002	0.070**	0.066
	(0.058)	(0.187)	(0.008)	(0.032)	(0.116)
education	0.030***	0.050**	0.004***	0.007*	-0.021
	(0.013)	(0.023)	(0.001)	(0.004)	(0.015)
married	0.119	0.510	0.034**	0.084	0.016
	(0.124)	(0.490)	(0.017)	(0.083)	(0.266)

续表

	（1）	（2）	（3）	（4）	（5）
	unriskhold	riskhold	unriskshare	riskshare	dexclu
health	0.027	− 0.004	0.004	− 0.000	0.016
	(0.025)	(0.065)	(0.003)	(0.011)	(0.047)
famsize	− 0.049 * * *	− 0.099 * *	− 0.011 * * *	− 0.016 *	− 0.027
	(0.016)	(0.049)	(0.002)	(0.008)	(0.033)
fincome	0.079 * * *	0.154	0.014 * * *	0.022	− 0.174 * * *
	(0.031)	(0.102)	(0.003)	(0.017)	(0.066)
asset	0.054 * *	0.173 * * *	− 0.002	0.028 * * *	− 0.011
	(0.022)	(0.047)	(0.003)	(0.009)	(0.010)
private	0.047	0.630 * *	− 0.009	0.099 * *	− 0.234
	(0.118)	(0.268)	(0.011)	(0.046)	(0.158)
地区	控制	控制	控制	控制	控制
Constant	—	− 3.444 * * *	—	− 0.557 * * *	2.650 * * *
	—	(0.644)	—	(0.133)	(0.380)
Observations	2179	6036	2179	6036	—
第一阶段回归 F 值	10.23	29.67	9.85	29.67	2.00
内生性检验	19.34 * * *	14.72 * * *	5.98 * *	11.00 * * *	3.54

注：第（2）、（4）列模型系数为概率单位影响，第（1）、（3）列为边际效应。括号内为稳健标准误，* * *、* * 和 * 分别表示在1%、5%和10%的水平上显著。最后一行为内生性检验的统计量值，其中第（1）—（4）列为 Wald 检验，第（5）列为 DWH 检验。

最后从模型的估计结果来看，第1行反映了互惠对于金融资产选择意愿及配置比例的影响，可以看出，这一变量对于无风险金融资产影响并不显著，而对风险金融资产选择参与概率及配置比例均有一定的促进作用。表6－16的第2行为互惠和家庭财产交互项的估计结果，可以看出，这一交互项也仅对于风险金融资产配置具有负的影响，意味着财富多的家庭，互惠对于其风险金融资产配置的促进作用更小。第（5）列为互惠对于需求排斥的估计结果，尽管其工具变量具有一定的弱工具性，但回归结果表明互惠能够缓解农村家庭的需求排斥。

综上所述，从工具变量整体估计结果来看，与表 6-15 的结论基本一致，从而能够验证前文所提的假设 H3a 和 H3b。

（四）　稳健性检验

本书研究中农村家庭的界定是依据国家统计局的城乡划分标准，而当前随着城镇化进程的加快，城乡划分的标准也越来越多样，对此，我们按照家庭居住的社区性质调整农村家庭样本，社区性质为村委会的为农村家庭、社区性质为居委会的为城镇家庭，按照这一标准，样本全部 13946 户家庭中，农村家庭为 9764 户，占 70%。利用这一样本，重新对式 6.1 和式 6.2 进行回归①，结果见表 6-17。

表 6-17　互惠与农村家庭金融资产选择稳健性检验

	（1）	（2）	（3）	（4）
	riskshare	unriskhold	riskhold	unriskshare
recipro	0.008	0.002 *	0.002	0.003 * *
	(0.015)	(0.001)	(0.004)	(0.001)
recipro · asset	-0.001	-0.0002 *	-0.000	-0.0002 * *
	(0.002)	(0.000)	(0.000)	(0.000)
age	0.005 * * *	0.000	0.001 * * *	0.000
	(0.001)	(0.000)	(0.000)	(0.000)
gender	-0.041 * *	0.000	-0.005	0.000
	(0.018)	(0.002)	(0.005)	(0.002)
education	0.014 * * *	0.001 * * *	0.003 * * *	0.001 * * *
	(0.002)	(0.000)	(0.001)	(0.000)
married	0.042	-0.000	0.013	-0.001
	(0.041)	(0.005)	(0.013)	(0.005)

---

①　由于按照这一样本划分，需求排斥的数值缺乏有效样本，因此书中只是对式 6.1 和式 6.2 的结果进行检验。另外，由于本回归仅仅是为了对前文结果进行检验，为了简化需求，书中省略了互惠这一变量的重新计算过程以及各变量在新样本下的描述性统计。

	（1）	（2）	（3）	（4）
	riskshare	**unriskhold**	**riskhold**	**unriskshare**
health	0.017＊＊	0.000	0.003	0.000
	（0.007）	（0.001）	（0.002）	（0.001）
famsize	－ 0.017＊＊＊	－ 0.001	－ 0.009＊＊＊	－ 0.001
	（0.005）	（0.001）	（0.001）	（0.001）
fincome	0.024＊＊＊	0.004＊＊＊	0.011＊＊＊	0.004＊＊
	（0.009）	（0.001）	（0.002）	（0.002）
asset	0.010＊＊＊	0.001＊＊＊	－ 0.002＊＊＊	0.001＊＊＊
	（0.002）	（0.000）	（0.000）	（0.000）
private	－ 0.079＊＊	－ 0.001	－ 0.027＊＊＊	－ 0.001
	（0.031）	（0.003）	（0.007）	（0.003）
地区	控制	控制	控制	控制
Observations	3303	8538	3303	8534
R^2	0.03	0.25	0.04	0.31

注：表中的系数均为边际效应，括号内为稳健标准误，＊＊＊、＊＊和＊分别表示在1%、5%和10%的水平上显著。

表6－17中第（1）列和第（3）列为互惠对于农村家庭无风险金融资产选择可能性及配置比例的回归结果，可以看出，无论是互惠还是其与家庭财产的交互项，影响都不显著。表明互惠对于农村家庭的无风险金融资产配置没有显著影响，这一结论与上文结果基本一致，但在无风险金融资产配置比例上有所区别，前文结果表明互惠与这一因变量存在较弱的负相关，其影响在10%的水平上显著，而稳健性检验表明二者没有关系。

表6－17中第（2）列和第（4）列为对风险金融资产选择可能性和配置比例的影响，可以看出，互惠对于风险金融资产选择及配置比例均有一定的正向效应，其边际效应分别为0.002和0.003，在10%和5%的水平上显著。互惠与家庭财产的交互项对于风险资产配置影响效应为负，也在10%和5%的水平上显著，这与上文的实证结果也一致，没有发生实质性的改变，表明上述结果是稳健的。

第七章　中国农村家庭风险金融资产配置对消费的影响研究

前文分析和检验了社会资本对中国农村家庭金融资产选择和排斥的影响，结果表明社会资本各变量能够缓解农村家庭的排斥，提高其金融资产尤其是风险资产配置的积极性。而农村家庭金融资产配置对其又有何种意义，是否有必要将其财富以金融资产形式持有。本章将从消费角度对于这一问题进行分析，在上一章实证分析的基础上，进一步分析农村家庭金融资产（主要是风险资产）配置对于其消费支出的影响，来验证金融资产配置的必要性，进而为提高农村家庭对于金融资产配置重要性的认识提供微观依据。

一、中国农村家庭风险金融资产配置对消费的影响机制

中国农村家庭的风险金融资产配置对于其消费的影响主要通过如下途径。

（一）平滑农业收入波动

对于农村家庭而言，其收入主要来源于农业生产经营，由于农业经营面临的风险较大，这导致农村家庭的农业收入和总收入具有一定的波动性。而作为农业收入的重要补充，财产性收入能够在一定程度上平滑农业经营风险导致的农村家庭收入的波动。目前来看，农村家庭的财产性收入所占

比重较低，根据 CFPS 2014 调查数据，这一收入在农村家庭总收入的比重约为 1.4%。而作为财产性收入的重要来源，农村家庭金融资产配置能够有效地拓宽其收入的来源，增强农村家庭收入的多样化，缓解农业经营导致的收入风险，进而保障和提高其消费水平。

同时，农业生产投入和消费是农村家庭最主要的支出项目，农业经营面临风险时，农村家庭的生产投入必然会相应减少，在其收入风险能够通过财产性收入得到缓解时，农村家庭可能把这部分减少的支出用于消费方面，从而使得其消费支出不降反增。

（二）财富积累效应

长期来看，金融资产配置是家庭财富积累的重要途径，对于持有风险金融资产的农村家庭而言，如果资产价值上涨，使得家庭财富增加，其消费预算和消费意愿也会相应提高，从而会促进家庭的消费支出。同时，资产价值的上涨不仅会影响当期的财富和消费，还会影响农村家庭对于未来收益和财富的预期，进而会进一步提高其当前的消费意愿。

（三）储蓄替代效应

家庭的消费是跨期的行为，出于对不确定性的担心，家庭习惯于通过预防性储蓄来保持消费的平滑，这在我国尤为明显。此外，社会保障也能够在一定程度上替代预防性储蓄，缓解不确定性的影响，促进家庭的消费（Hubbard 等，1995；Gruber 和 Yelowitz，1999；白重恩等，2012）。而我国农村家庭的养老和医疗等社会保障水平较低，在这种情况下，风险金融资产的配置可以作为预防性储蓄的替代，资产价值的上涨会提升农村家庭的风险资产配置意愿，降低其储蓄倾向，进而提高其消费倾向。

综上所述，在资产价值上涨时，风险金融资产的配置能够提高农村家庭的消费意愿，但由于风险资产收益具有一定的波动，也会导致家庭面临着一定的金融风险和损失的可能性，加大家庭对未来不确定性的担心，进而减少消费支出。因此，其影响效应是双向的，其总体影响状况具有一定的不确定性，而在农村家庭中这一影响具体如何，我们将从风险市场参与状况和风险金融资产配置水平两方面予以分析。

二、中国农村家庭风险市场参与对消费的影响

（一）研究方法

对于农村家庭风险市场参与同其消费支出关系的研究，属于经济学中的"处理效应"问题，即分析农村家庭是否投资风险金融资产对其消费支出的影响效应。对于此类问题，常用的分析方法是引入虚拟变量在控制某些影响家庭消费支出的因素后进行多元回归。但是，家庭风险金融资产的投资不是随机的行为，它是家庭自我选择的结果，如果采用多元回归方法直接进行估计，会产生样本选择偏差和内生性问题，从而得到不一致的估计结果。对此，我们将采用基于"反事实"分析的倾向得分匹配方法（PSM），估计农村家庭投资风险金融资产的平均处理效应（ATT），即持有风险金融资产给某一家庭消费支出带来的平均变化，以克服此类问题。如果将投资风险金融资产的家庭称为处理组，对于处理组家庭，其持有风险金融资产的平均处理效应（ATT）可以用如下公式表示：

$$ATT = E(y_{1i} - y_{0i} \mid riskhold_i = 1) = E(y_{1i} \mid riskhold_i = 1) -$$
$$E(y_{0i} \mid riskhold_i = 1) \qquad （式7.1）$$

其中 y 为反映家庭消费支出的被解释变量，y_{1i} 表示家庭 i 投资风险金融资产时的消费支出；y_{0i} 表示同一时间内，该家庭未持有风险金融资产时的消费支出；$riskhold$ 为反映家庭是否投资风险金融资产的虚拟变量，其值等于1表示家庭持有风险金融资产，即参与了风险市场，属于处理组；等于0则表明未持有风险金融资产，属于未处理组。$E(y_{1i} \mid riskhold_i = 1)$ 则表示了处理组家庭所观测到的平均消费支出，$E(y_{0i} \mid riskhold_i = 1)$ 则为此类家庭未

投资风险金融资产时的平均消费支出。依据这一公式，可以有效地排除其他因素的干扰，准确地计算出持有风险金融资产给家庭消费支出带来的净效应。但对于处理组家庭而言，持有风险金融资产是事实存在的，因而 y_{1i} 是可以观测到的；而未持有风险金融资产并没有出现，是反事实的，y_{0i} 无法观测。在这种情况下，就难以计算平均处理效应。对此罗森鲍姆和鲁宾（Rosenbaum 和 Rubin，1985）提出了倾向得分匹配方法来解决这一类问题。这一方法的思路是，从未持有风险金融资产的家庭中寻找到与处理组家庭条件相同的对照组，将对照组的消费支出作为处理组的"反事实"结果，然后进行对比，从而估计出平均处理效应。基于倾向得分匹配方法，可以将式7.1调整为如下形式：

$$ATT = E[\,y_{1i} \mid riskhold_i = 1, p(X)\,] - E[\,y_{0i} \mid riskhold_i = 0, p(X)\,]$$

（式7.2）

其中 $p(X)$ 为倾向得分，定义为在给定样本特征 X 的情况下，某一家庭投资风险金融资产的条件概率，由于倾向得分未知，对此可以利用 Logistic 或 Probit 模型进行估计。用公式表示应为：

$$p(X) = \text{Pr}(riskhold = 1 \mid X)$$（式7.3）

利用 PSM 估计平均处理效应的具体步骤为：（1）选择适当的一组变量 X，采用 Logistic 或 Probit 模型估计倾向得分。（2）根据倾向得分，寻找与处理组家庭相匹配的对照组，匹配的方法包括邻近距离匹配法（Nearest Neighbor Matching）、半径匹配法（Radius Matching）以及核匹配法（Kernel Matching）。（3）通过检验匹配特征变量 X 在处理组与对照组之间的差异，对匹配效果进行检验。（4）估计平均处理效应。

（二）变量选择和描述性统计

同前文分析一样，本章的研究也使用中国家庭追踪调查（CFPS）2014年的数据，在变量选择中，分别将耐用品消费支出和非耐用品消费支出（单位：万元）作为被解释变量，借以考察农村家庭风险资产选择对这两类消费支出的影响，其中非耐用品消费支出取自然对数形式进行分析；耐用品消费支出则基于原始数据进行研究，原因在于许多家庭可能当年没有购买耐用品，因此该项数据为 0，如果同样采用对数处理，会导致数据的大量缺失，从而损失样本信息。

倾向得分的估计是 PSM 分析中的关键环节，这一步骤是建立在风险金融资产投资决策模型基础上的，前文对于这一问题已经进行了分析，在此，在式 6.1 的模型设定基础上，调整为如下形式进行倾向得分的估计：

$$pro(riskhold_i = 1) = \Phi(X\beta + u_i) \qquad （式7.4）$$

其中匹配变量 X 同式 6.1 模型中的控制变量一样，为反映家庭户主特征和经济状况的一组变量，包括户主年龄（age）、性别（gender）、教育年限（education）、婚姻（married）、健康状况（health）、家庭规模（famsize）、净收入（fincome）、净资产（asset）、个体经营（private）和地区等。

由于表 6-5 已经给出了 $riskhold$ 以各匹配变量的描述性统计，因而本节只列出了耐用品消费和非耐用品消费支出的描述性统计状况（见表 7-1），从表 7-1 中可以看出，我国农村家庭平均非耐用品消费支出为 3.62 万元，耐用品消费支出为 0.09 万元，其最小值分别为 0 万元和 -0.002 万元；最大值分别为 116.1 万元和 12 万元。从这些信息看，样本中存在部分异常值，例如非耐用品包含了必需的消费品，家庭在这一项目上的支出不可能为 0；而耐用品消费也不可能为负。对此，通过对于这些变量在 1% 和 99% 的水平上进行缩尾处理，从而消除异常值的影响。

表 7-1　消费支出描述性统计　　　　（单位：万元）

变量名称	符号	观测值	均值	标准差	最小值	最大值
非耐用品消费	consum	6292	3.62	4.41	0	116.1
耐用品消费	durable	7042	0.09	0.39	-0.002	12

（三）估计结果分析

1. 倾向得分估计

为了得到匹配所需要的倾向得分值，首先要对于式 7.4 所表示的模型进行 Logistic 或 Probit 估计，表 7 - 2 给出了估计的结果。从 Probit 估计结果看，户主性别、教育年限、家庭收入和家庭财产对于风险金融资产投资的可能性具有显著影响，具体来看，户主为男性的家庭投资风险金融资产的可能性较高；户主的教育年限越大，越有可能参与风险市场；家庭收入和资产价值越高，风险资产投资可能性越大。Logistic 模型估计结果也基本一致，且除上述变量影响显著外，户主年龄与家庭风险投资概率负相关。对此，我们选择 Probit 模型进行倾向得分值的估计，以及后续的分析。

表 7 - 2　倾向得分的 Logistic 和 Probit 模型估计结果

	（1）	（2）
	Probit	Logistic
age	- 0. 009	- 0. 024 *
	(0. 006)	(0. 014)
gender	0. 473 * * *	1. 310 * * *
	(0. 172)	(0. 472)
education	0. 058 * * *	0. 160 * * *
	(0. 021)	(0. 053)
married	0. 565	1. 390
	(0. 397)	(1. 043)
health	0. 022	0. 105
	(0. 063)	(0. 173)
famsize	- 0. 065	- 0. 149
	(0. 041)	(0. 115)
fincome	0. 158 *	0. 495 *
	(0. 095)	(0. 283)
asset	0. 051 * * *	0. 097 * * *
	(0. 008)	(0. 016)
private	0. 111	0. 300
	(0. 182)	(0. 440)
地区	控制	控制
Constant	- 3. 474 * * *	- 7. 902 * * *
	(0. 540)	(1. 426)
Pseudo R^2	0. 25	0. 25
Observations	6212	6212

注：括号内为稳健标准误，* * *、* * 和 * 分别表示在1%、5%和10%的水平上显著。

2. 匹配质量检验

基于倾向得分估计，分别采用邻近匹配、半径匹配（取半径值为 0.01）和核匹配三种方法，进行了样本的匹配，由于处理组观测值较少，为了保证分析时的样本容量，按照 1:4 的比例进行匹配。

表 7-3 给出了匹配结果的检验信息，表中前两列数据为反映 Probit 模型估计效果，即各变量解释能力的 R^2 和 Chi^2 统计量。可以看出，匹配前其数值分别为 0.25 和 104.49，表明匹配变量对于家庭风险投资决策具有显著影响。而匹配后模型解释能力显著下降，这是由于匹配后各观测值之间的差别变小导致的，由此可以判断匹配后各变量在对照组与处理组中的分布没有系统差异。

还可以通过直接的偏差对比来判断匹配的效果，表 7-3 后两列给出了相关的数值。可以看出：在匹配前，两组家庭的各匹配变量的均值平均偏差为 59.1、中位数平均偏差为 52.5，匹配后这两种偏差都大幅度减少，利用邻近法匹配后，分别下降为 5.7 和 3.8，而半径匹配后下降为 5.4 和 6.7，核匹配后下降幅度相对较少，为 20.4 和 23.5。

表 7-3　匹配质量检验

	Pseudo R^2	LR Chi^2	均值平均偏差	中位数平均偏差
匹配前	0.25	104.49	59.1	52.5
邻近匹配	0.008	0.78	5.7	3.8
半径匹配	0.005	0.5	5.4	6.7
核匹配	0.08	7.92	20.4	23.5

综合上面的检验结果可以看出，整体而言，经过倾向得分匹配筛选的对照组家庭，在各特征方面已经较为接近处理组，因而匹配结果较为理想，其中采用邻近匹配和半径匹配效果相对更好。

3. 平均处理效应估计

（1）总体效应水平

在样本匹配基础上，我们估计了处理组家庭的平均处理效应（*ATT*），

表7-4列出了相应的结果。从非耐用品支出来看，在三种匹配方法下，农村家庭投资风险金融资产对其非耐用品支出的影响效应分别为0.302、0.276和0.459，并在10%和1%的水平上显著。对于非耐用品支出，由于我们是采取对数形式进行分析，此时 ATT 反映的也是对于对数支出的影响，即 $ATT = E\left[\log\left(\dfrac{y_{1i}}{y_{0i}} \mid riskhold_i = 1\right)\right]$ ，为了更容易解释，利用公式 e^{ATT} -1将其转化为变化率的形式，即调整后的 ATT 。

表7-4　非耐用品和耐用品支出的 ATT

	非耐用品支出					耐用品支出			
	ATT	标准差	t 统计量	调整后 ATT	标准化 ATT	ATT	标准差	t 统计量	标准化 ATT
邻近匹配	0.302	0.162	1.86*	0.353	0.652	0.178	0.104	1.72*	1.978
半径匹配	0.276	0.158	1.74*	0.318	0.511	0.184	0.101	1.82*	2.044
核匹配	0.459	0.144	3.19***	0.582	0.837	0.247	0.095	2.61***	2.744

注：*** 和 * 表示在1%和10%的水平上显著。

从表7-4中可以看出，对应于三种匹配方法，其调整后 ATT 分别为0.353、0.318和0.582，其含义为投资风险金融资产使农村家庭的非耐用品消费支出提高35.3%、31.8%和58.2%。t统计量检验则表明，这一影响效应在10%和1%的水平上显著。

从耐用品支出来看，在三种匹配方法下，其 ATT 分别为0.178、0.184和0.247，同样在10%和1%的水平上显著。这表明，投资风险金融资产后，农村家庭的耐用品消费支出将平均增加1780元、1840元和2470元。

农村家庭持有风险金融资产，当资产价值上涨，会给家庭带来较高的收益，促进家庭财富的增长，进而会提高其消费支出。但由于收益的不确定性和波动性，也可能无法使家庭获得预期的收益，甚至还可能遭遇损失，这种情况下，家庭可能会减少其消费支出。而上述结果表明，农村家庭风险金融资产投资对于其消费支出总体上具有一定的促进作用，原因可能在于农村家庭消费支出水平整体偏低，其消费对于风险资产价值上涨的反映要大于其下跌的情况,当资产价值上涨时,财富的增加会刺激其潜在的消费需求,因而消费支出增加较为明显。而资产价值下跌时,由于消费水平已经较低,因而即使下降,下降幅度也有限。

(2)耐用品和非耐用品的比较

耐用品和非耐用品的性质不同,因而农村家庭风险金融资产配置对于其消费的影响也可能存在差别。由于两类消费品支出的规模不同,而且在研究时对非耐用品支出进行了对数处理,耐用品则没有,由此不能直接对于二者的影响效应进行对比。为了对比两类支出影响效应的差别,我们也利用非耐用品支出的原始数据计算了其 ATT,并进一步用这一 ATT 除以平均消费支出,从而剔除支出规模的影响,将其称为标准化 ATT。从表 7-4 中可以看出,对应于三种匹配方法,非耐用品支出的标准化 ATT 分别为 0.652、0.511 和 0.837,而耐用品支出则为 1.978、2.044 和 2.744,比较来看,投资风险金融资产对于农村家庭耐用品支出的影响要明显大于非耐用品支出。

原因可能在于,非耐用品支出主要包括食品、服装、休闲娱乐、教育等方面,对于农村家庭而言,主要以食品、教育支出为主,其消费比较稳定,单笔消费金额也较少。而耐用品消费支出通常金额较大,农业生产经营也需要一定的固定资产投入,风险资产价值的上涨会提高农村家庭添置或者更新和替换固定资产的意愿,进而增加其耐用品消费支出。由此使得风险金融资产投资对于耐用品消费支出的影响效应相对较大。

(四) 稳健性检验和比较

为了检验上述研究结果的稳健性,我们尝试采用普通多元回归、Tobit回归[①]和处理效应模型(TEM)再进行分析。其中普通多元回归模型形式如下:

$$y_i = Z\beta + \alpha \cdot riskhold_i + \varepsilon_i \qquad (式7.5)$$

---

① Tobit 回归仅用于对耐用品消费的分析,因为其许多观测值为 0,存在截断特征。

Tobit 模型形式如下：

$$y_i^* = Z\beta + \alpha \cdot riskhold_i + \varepsilon_i$$

$$y_i = \max\{0, y_i^*\}$$
（式 7.6）

处理效应模型形式如下：

$$y_i = Z\beta + \alpha \cdot riskhold_i + \varepsilon_i$$

$$riskhold_i = 1(W\delta + u_i)$$
（式 7.7）

上述模型中，y 和 $riskhold$ 含义与式 7.1 相同，向量 Z 为一组控制变量，反映了户主特征、家庭经济状况和地区等，参照当前研究惯常做法，选择如下变量：户主年龄（age）、年龄平方（age square）、性别（gender）、教育年限（education）、婚姻状况（married）、家庭规模（famsize）、净收入（fincome）、住房资产（house）、固定资产（physical）和地区等，相比于式 7.3 的匹配变量 X，变量 Z 剔除了健康状况（health）、净资产（asset）和个体经营（private），主要增加了住房资产（house）和固定资产（physical），住房资产为家庭住房的价值；固定资产为包括耐用品消费和农业机械等在内的资产价值，其单位均为万元。

处理效应模型的思路来自赫克曼（Heckman，1979）的样本选择模型，通过对于处理变量进行结构建模，来解决其内生性问题。模型中第一式与普通回归模型相同；第二式为选择方程，其中的 1 为示性函数（indicator function），W 为选择变量，它可以与控制变量 Z 重叠，但至少有一个变量不在 X 中，这一变量实际是 $riskhold$ 的工具变量。在估计时，可以采用两步法，首先估计选择方程，根据其估计结果计算出反米尔斯比率（λ_i），然后将其引入第一式进行估计。依据前文研究结果，选择普遍信任（social-trust）和互惠变量（recipro）作为工具变量，因为它们影响风险金融资产的投资，而且通常与家庭消费支出关联不大。

表 7 - 5 给出了各模型的估计结果，从整体上看，无论采用哪种方法进行估计，都能够表明农村家庭风险金融资产投资对于其消费支出具有一定的促进作用，因而上述研究结论是稳健的。从具体结果看，对于非耐用品

支出，OLS 估计值为 0.277，低于 PSM 估计结果，表明由于内生性和样本选择偏差问题，导致了 OLS 估计会低估风险金融资产投资的影响效应。处理效应模型估计的结果为 0.362，与 PSM 中邻近匹配和半径匹配的结果较为接近。

表 7 - 5　稳健性检验和估计结果的比较

	非耐用品		耐用品		
	（1）	（2）	（3）	（4）	（5）
	OLS	TEM	OLS	Tobit	TEM
riskhold	0.277 *	0.362 *	0.235 * * *	0.100 * * *	0.265 * * *
	(0.154)	(0.223)	(0.086)	(0.027)	(0.083)
age	0.002	0.002	- 0.003 *	- 0.000	- 0.003 *
	(0.005)	(0.005)	(0.002)	(0.001)	(0.002)
age square	- 0.000 * * *	- 0.000 * * *	0.000	- 0.000	0.000
	(0.000)	(0.000)	(0.000)	(0.000)	(0.000)
gender	0.011	0.011	0.009	0.016 * * *	0.009
	(0.022)	(0.022)	(0.007)	(0.005)	(0.007)
education	0.015 * * *	0.015 * * *	0.000	0.001	0.000
	(0.003)	(0.003)	(0.001)	(0.001)	(0.001)
married	0.209 * * *	0.204 * * *	- 0.024	- 0.010	- 0.024
	(0.062)	(0.061)	(0.021)	(0.014)	(0.021)
famsize	0.097 * * *	0.098 * * *	- 0.000	0.003 * *	- 0.000
	(0.006)	(0.006)	(0.002)	(0.001)	(0.002)
fincome	0.130 * * *	0.117 * * *	0.017 * * *	0.012 * * *	0.018 * * *
	(0.010)	(0.010)	(0.003)	(0.002)	(0.003)
house	0.141 * * *	0.144 * * *	0.026 * * *	0.019 * * *	0.027 * * *
	(0.009)	(0.009)	(0.003)	(0.002)	(0.003)
physical	0.009 * * *	0.009 * * *	0.001	0.002 * * *	0.001
	(0.002)	(0.002)	(0.000)	(0.000)	(0.000)
地区	控制	控制	控制	控制	控制
λ	—	- 0.215 * * *	—	—	- 0.008
	—	(0.077)	—	—	(0.007)

	非耐用品		耐用品		
	（1）	（2）	（3）	（4）	（5）
	OLS	TEM	OLS	Tobit	TEM
Constant	0.147	0.148	0.138**	—	0.140**
	（0.126）	（0.126）	（0.054）	—	（0.054）
Observations	5387	5324	5715	5715	5637
R²	0.35	—	0.06	0.06	—

注：括号内为稳健标准误，Tobit 模型估计结果为边际效应，***、**和*分别表示在1%、5%和10%的水平上显著。

对于耐用品消费支出，估计值最大的为处理效应模型，为 0.265；其次是 OLS 估计，为 0.235，这两种方法估计结果都要高于 PSM 估计，而 Tobit 模型估计值最低，为 0.100，综合来看，PSM 估计值在上述方法中居于中间位置。

三、中国农村家庭风险金融资产配置水平对消费的影响

（一）模型设定

我们将分别从风险金融资产配置金额和比例两方面探讨其对于农村家庭消费支出的影响，模型形式如下：

$$\log(consum_i) = Z\beta + \alpha \cdot riskfinance_i + \varepsilon_i \qquad （式7.8）$$

$$durable_i^* = Z\beta + \alpha \cdot riskfinance_i + \varepsilon_i$$

$$durable_i = \max\ \{0, durable_i^*\} \qquad （式7.9）$$

其中，式 7.8 为非耐用品消费支出的模型，式 7.9 为 Tobit 模型，用于耐用品消费支出的分析。模型中 riskfinance 为反映风险金融资产配置金额或配置比例的自变量，其中风险金融资产配置金额为农村家庭持有的风险金

融资产当前的价值，单位为万元；配置比例用风险金融资产占其全部金融资产的比重来衡量。其余各项均与式 7.5 相同。

表 7 - 6 给出了风险金融资产金额及其比例的描述性统计。从中可以看出，农村家庭风险金融资产平均价值为 0.033 万元，占金融资产的平均比重为 0.5%，两项指标数值均较低，原因在于许多农村家庭并没有投资于风险金融资产，因而其平均水平很低。

表 7 - 6　主要变量描述性统计

变量名称	符号	观测值	均值	标准差	最小值	最大值
风险金融资产金额（万元）	riskvalue	7036	0.033	0.65	0	28
风险金融资产比例	riskshare	3341	0.005	0.053	0	1

（二）估计结果分析

表 7 - 7 给出了模型的估计结果，首先从非耐用品支出看，风险金融资产持有金额的影响效应为 0.070，并且在 1% 的水平上显著，这表明农村家庭风险金融资产投资每增加 1 万元，其非耐用品消费支出将增加 7%。风险金融资产持有比例的影响系数为 0.614，在 5% 的水平上显著，这意味着风险金融资产占金融资产的比例每提高 10%，农村家庭非耐用品消费支出将增加 6.14%。可见，农村家庭风险金融资产配置水平对其非耐用品消费支出具有较为显著的促进作用。

从耐用品消费情况看，根据 Tobit 模型估计结果，风险金融资产持有金额的影响效应为 0.009，在 10% 的水平上显著，这表明农村家庭风险金融资产投资金额每增加 1 万元，其耐用品消费支出平均增加 90 元，由于样本中农村家庭平均耐用品支出为 900 元，由此可以推出，耐用品消费支出平均增加约 10%。而风险金融资产比例的影响系数为 0.183，在 1% 的水平上显著，表明风险金融资产在金融资产中的匹配比例每上升 10%，耐用品消费支出将平均增加 183 元，约增长 20%。

表7-7　风险金融资产配置水平对农村家庭消费支出的影响效应估计

	非耐用品		耐用品	
	（1）	（2）	（3）	（4）
	OLS	OLS	Tobit	Tobit
riskvalue	0.070***	—	0.009*	—
	(0.018)	—	(0.005)	—
riskshare	—	0.614**	—	0.183***
	—	(0.276)	—	(0.067)
age	0.001	-0.002	-0.000	0.000
	(0.005)	(0.006)	(0.001)	(0.002)
age square	-0.000***	-0.000	-0.000	-0.000
	(0.000)	(0.000)	(0.000)	(0.000)
gender	0.003	0.020	0.017***	0.021***
	(0.021)	(0.029)	(0.005)	(0.008)
education	0.013***	0.009**	0.001	0.001
	(0.002)	(0.004)	(0.001)	(0.001)
married	0.183***	0.180**	-0.010	-0.033
	(0.057)	(0.082)	(0.014)	(0.022)
famsize	0.094***	0.087***	0.003**	0.004**
	(0.006)	(0.008)	(0.001)	(0.002)
fincome	0.115***	0.130***	0.012***	0.013***
	(0.010)	(0.015)	(0.002)	(0.004)
house	0.134***	0.138***	0.019***	0.023***
	(0.008)	(0.012)	(0.002)	(0.003)
physical	0.027***	0.028***	0.002***	0.001
	(0.002)	(0.003)	(0.000)	(0.001)
地区	控制	控制	控制	控制
Constant	0.187	0.238	—	—
	(0.119)	(0.158)	—	—
Observations	5387	2576	5715	2705
R^2	0.37	0.37	0.06	0.06

注：括号内为稳健标准误，Tobit 模型估计结果为边际效应，***、** 和 * 分别表示在1%、5%和10%的水平上显著。

综上所述，农村家庭风险金融资产配置水平对于其消费支出具有显著的促进作用，而且对于耐用品消费支出的影响要大于非耐用品，这与前文对于风险市场参与的比较结果一致。从控制变量看，家庭规模、收入、住房资产和固定资产对于两类消费都具有显著的影响，家庭规模越大，消费支出越多；家庭收入对于其消费具有促进作用，住房资产和固定资产价值与消费支出正相关，表明这些资产具有正的财富效应。这些结果与解垩（2012）、李涛和陈斌开（2014）对于城镇家庭的研究一致。而非耐用品消费还受到户主教育年限和婚姻状况的影响，原因可能在于此类家庭消费更具有多样性，而这主要体现在非耐用品方面，因为非耐用品包含的范围更广。

需要注意的是，上述模型可能存在内生性问题，由此会使得表7－7的估计结果不一致。内生性的原因一方面是由于遗漏某些特征变量可能会同时影响金融资产配置水平和消费支出；另一方面消费支出可能也会影响家庭金融资产配置水平，因为消费支出增加会减少家庭可以用于投资的资金。为了检验模型中的内生性问题，借鉴样本自选择模型中常用的做法（李雪松和黄彦彦，2015），用选择模型（式7.4）的估计结果预测出家庭投资风险金融资产的概率，将这一概率作为风险金融资产配置水平的工具变量，因为风险金融资产投资金额和比例也是家庭自我选择的结果。表7－8给出了运用工具变量进行最小二乘和Tobit回归的结果。

表7－8中倒数第2行为第一阶段回归的F统计量值，可以看出，各模型的这一数值分别为13.82、12.40、16.46和44.24，均大于10，表明不存在弱工具变量问题。最后一行为各模型内生性检验结果，其中非耐用品支出模型采用DWH检验法，而耐用品支出由于采用Tobit模型估计，通常采用Wald检验，从检验结果看，DWH检验统计量值为3.26和2.56，均在10%的水平上显著；Wald检验统计量为11.17和6.79，均在1%的水平上显著，由此可见各模型都存在一定的内生性问题。

最后从估计结果分析，整体来看，风险金融资产配置的各影响系数的估计值均大于表7－7的结果，这表明内生性问题导致了风险金融资产配置水平对消费支出的影响被低估了。

具体来看，风险金融资产配置数额对于非耐用品消费支出的影响系数为 0.280，并在 5% 的水平上显著，表明风险金融资产金额每增加 1 万元，农村家庭非耐用品消费支出将会增加 28%；而配置比例的影响系数为 2.888，同样在 5% 的水平上显著，表明风险金融资产在金融资产中的配置比例每上升 1%，农村家庭非耐用品消费支出将会增加 2.89%。风险金融资产配置数额对于耐用品消费支出的影响系数为 0.046，且在 1% 的水平上显著，表明农村家庭风险金融资产投资金额每增加 1 万元，其耐用品消费支出平均增加 460 元；而配置比例的影响系数为 0.873，表明风险金融资产在金融资产中的配置比例每上升 10%，耐用品消费支出将平均增加 873 元。

表 7-8 工具变量回归结果

	非耐用品		耐用品	
	（1）	（2）	（3）	（4）
	2SLS	2SLS	IV Tobit	IV Tobit
riskvalue	0.280**	—	0.046***	—
	(0.126)	—	(0.011)	—
riskshare	—	2.888**	—	0.873***
	—	(1.435)	—	(0.269)
age	-0.002	-0.005	-0.000	0.001
	(0.005)	(0.007)	(0.001)	(0.002)
age square	-0.000**	-0.000	-0.000	-0.000
	(0.000)	(0.000)	(0.000)	(0.000)
gender	0.000	0.017	0.016***	0.018**
	(0.021)	(0.030)	(0.005)	(0.008)
education	0.014***	0.010***	0.001	0.001
	(0.002)	(0.004)	(0.001)	(0.001)
married	0.204***	0.201***	-0.014	-0.038*
	(0.055)	(0.075)	(0.013)	(0.020)
famsize	0.097***	0.091***	0.003**	0.005**
	(0.006)	(0.008)	(0.001)	(0.002)

	非耐用品		耐用品	
	（1）	（2）	（3）	（4）
	2SLS	2SLS	IV Tobit	IV Tobit
fincome	0. 122 * * *	0. 139 * * *	0. 012 * * *	0. 012 * * *
	（0. 009）	（0. 013）	（0. 002）	（0. 004）
house	0. 140 * * *	0. 147 * * *	0. 018 * * *	0. 019 * * *
	（0. 008）	（0. 012）	（0. 002）	（0. 003）
physical	0. 008 * * *	0. 007 * * *	0. 001 * * *	0. 001
	（0. 001）	（0. 001）	（0. 000）	（0. 001）
地区	控制	控制	控制	控制
Constant	0. 230 *	0. 271	——	——
	（0. 123）	（0. 168）	——	——
Observations	5352	2570	5675	2699
R^2	0. 33	0. 32	——	——
第一阶段 F 统计量	13. 82	12. 40	16. 46	44. 24
内生性检验	3. 26 *	2. 56 *	11. 17 * * *	6. 79 * * *

注：括号内为稳健标准误，Tobit 模型估计结果为边际效应，* * *、* * 和 * 分别表示在 1%、5% 和 10% 的水平上显著。

（三）稳健性检验

为了检验上述结果的稳健性，我们调整农村家庭样本的选择依据，根据家庭所居住的社区性质进行城乡家庭的划分，将居住在村委会的家庭归为农村家庭，然后重新进行上述模型的估计，表 7 - 9 给出了估计结果。

表7-9　风险金融资产配置水平与消费支出稳健性检验回归结果

	非耐用品		耐用品	
	(1)	(2)	(3)	(4)
	OLS	OLS	Tobit	Tobit
riskvalue	0.021***	—	0.005***	—
	(0.008)	—	(0.001)	—
riskshare	—	0.330**	—	0.109***
	—	(0.158)	—	(0.039)
age	0.001	-0.004	-0.001	-0.001
	(0.004)	(0.006)	(0.001)	(0.002)
age square	-0.000***	-0.000	0.000	0.000
	(0.000)	(0.000)	(0.000)	(0.000)
gender	-0.013	0.008	0.012***	0.014**
	(0.017)	(0.024)	(0.004)	(0.007)
education	0.015***	0.010***	0.001**	0.002**
	(0.002)	(0.003)	(0.001)	(0.001)
married	0.193***	0.156**	-0.006	-0.029
	(0.050)	(0.069)	(0.012)	(0.018)
famsize	0.089***	0.075***	0.003***	0.004***
	(0.005)	(0.007)	(0.001)	(0.002)
fincome	0.129***	0.159***	0.016***	0.017***
	(0.008)	(0.012)	(0.002)	(0.003)
house	0.151***	0.155***	0.017***	0.018***
	(0.007)	(0.010)	(0.002)	(0.003)
physical	0.023***	0.022***	0.001**	0.001
	(0.001)	(0.002)	(0.000)	(0.000)
地区	控制	控制	控制	控制
Constant	0.113	0.251*	—	—
	(0.105)	(0.140)	—	—
Observations	7274	3648	7788	3878
R²	0.38	0.38	0.04	0.04

注：括号内为稳健标准误，Tobit模型估计结果为边际效应，***、**和*分别表示在1%、5%和10%的水平上显著。

　　从估计结果看，调整样本后，风险金融资产配置金额及比例对于非耐用品支出的影响效应分别为 0.021 和 0.330，对于耐用品支出的影响效应分别为 0.005 和 0.109，尽管在估计值上略低于前面的回归结果，但各影响系数至少在1%或5%的水平上显著，表明影响同样显著。由此表明估计结果是稳健的，其结果并没有发生实质性的变化。

第八章 促进中国农村家庭金融资产合理配置的对策建议

　　农村金融问题是制约我国农村经济和社会发展、农民收入水平提高的重要因素，农村金融排斥则是这一问题的具体体现。本书的研究结果表明，我国农村家庭的金融资产占总资产比重较低，约为10%，而且在金融资产中，主要以现金和存款等低收益甚至没有收益的无风险金融资产为主，这部分约占全部金融资产的80%，股票、基金、债券等风险金融资产所占的比重极低，尚不到2%。这反映了我国农村家庭金融资产选择中存在严重的金融排斥问题。

　　我国农村家庭金融资产选择排斥具有一定的内生性，其产生的根源在于我国农村、农业和农民的现状和特点。农业、农村和农民的特征决定了农村家庭厌恶风险、缺乏金融知识和技能、资金有限、信息渠道狭窄，从而使得农村家庭的金融资产需求受到抑制，产生需求端排斥。而金融机构在产品设计、渠道建设和营销宣传中的逐利动机使得农村家庭需求被边缘化，从而导致供给端排斥。这两类排斥相互影响，使得农村家庭的金融资产选择排斥陷入了恶性循环。

　　如何缓解农村家庭的金融资产选择排斥？本书的研究表明，农村家庭社会资本是重要的影响因素，具体来说，农村家庭社会网络通过其信息传递、知识传播和社会互动等途径可以降低农村家庭的信息搜寻成本，了解相关金融知识，提高金融素养，获得投资示范和建议，进而缓解其对金融资产的排斥，提高农村家庭金融资产尤其是风险金融资产参与的可能性以及资产配置比例。信任则可以提高信息传递和知识传播的效率，降低金融交易的信息不对称及不确定性，从而缓解农村家庭的知识排斥和风险排斥，提高其风险金融资产参与的意愿及投资比例。互惠则有助于提高农村家庭抵抗风险和筹集资金的能力，缓解其风险排斥和流动性排斥，进而促进其金融资产尤其是风险金融资产配置。

本书的研究对于认清农村家庭的金融资产选择行为，促进农村家庭金融资产合理配置具有重要的现实意义。基于本书的研究结论，为了有效地缓解我国农村家庭在金融资产选择中面临的排斥，促进农村家庭金融资产的合理配置，进而提高农村居民的收入和消费水平，我们特从以下几个方面提出相应的对策建议。

一、促进农村社会资本的培育和发展

在传统的农村社会，由于正式制度并不完善，社会资本作为一种非正式的制度，能够通过各种途径缓解农村家庭对金融资产的排斥，从而对农村家庭的金融资产选择产生重要的影响。对此，在正规金融市场不发达的农村地区，政府制定政策时，既要重视正式制度的完善和改进；也要考虑到社会结构和关系特征，关注农村居民社会资本的培育和发展，提高农村家庭社会关系的广泛性、异质性和稳定性，增进农村居民的信任，合理引导他们之间的互惠行为。

（一）积极发展农村的民间组织

非政府组织或社会成员的自治组织是构建现代社会资本的关键，是培育公民社会的基础。社会组织在很大程度上是特殊需求的产物，它能够在政府与市场以外提供两者都无法满足的社会偏好，诸如社会交往的偏好、对公共物品多元化的需求、社会救助的需求等。在现代社会中，社会组织不仅包括一些中介组织、非政府组织，而且也包括相当数量的联谊协会、兴趣团体等。这种社团式的公民参与网络为人们提供了一种信息传递、建立信任、理解并达成共识的横向交往结构，它增加了人们在任何单独交易中进行欺骗的潜在成本，而且可以作为一种具有文化内涵的模板，使未来的合作在此之上进行。

而在我国农村地区，社会组织数量较少，尽管随着经济的发展和生产方式的改进，农村地区的社会组织也取得了一定的发展，但主要以互助性的生产合作组织如生产合作社、资金互助社等为主，这类组织受到政府干预较多，缺乏足够的自主性和独立性，而且加入的群体数量有限，组织的成员具有同质性，组织成员的交流信息相对狭窄，多与农业生产相关，这类组织并不能够克服农村社会资本同质性和封闭性强的缺陷。对此，政府要完善农村民间组织法制体系，对于农民的组织行为既要进行规范，也要提供相应的支持，放开对于这些组织的干预，鼓励发展各种类型的农村社会组织，为农村居民提供多种类型的服务，包括就业与培训、教育、文艺娱乐、金融等，在此过程中，也能够促进农村居民社会关系的培育，更好地发挥其信息传递、知识传播等作用。

（二）提高农村居民的普遍信任

本书的研究表明，普遍信任对于农村家庭金融资产选择及排斥具有显著的影响。而普遍信任不仅仅是一种伦理道德，它是建立在一定的制度和规范基础上的，需要相应的制度保障。制度和规范可以约束人们的行为，使得失信者受到相应的惩罚，让信任得到维护，在潜移默化的过程中，人们就会逐渐树立普遍信任的观念，整个社会的信任水平就会得到提高。我国农村社会是一个"熟人"社会，与这一特点相适应，我国农村居民的信任多是对于熟人的信任，即建立在相互交往基础上的个人信任，普遍信任水平相对较低。对此，就需要通过相应的制度建设，构建农村的信用体系，加强对农村居民的宣传教育，提高农村居民的普遍信任水平。

1. 加强农村居民的德育和法治教育

我国农村地区并不缺乏基于血缘、地缘和亲缘关系而结成的特殊信任与互助，缺乏的是一种遵守规则的精神，以及在规则的约束下，对所有人一视同仁的意识，而这种精神正是形成普遍信任的基础，只有人们都遵守规则，才能相信规则，相信他人也能按规则行事，进而形成相互信任的社会氛围。而我国农村地区的社会资本具有封闭、分散和规模小的特点，信任的范围极为狭隘，农民通常只愿意相信亲戚朋友、邻里，对外部的人员和组织，包括不熟悉的产品和服务具有一定的排斥心理，包括金融机构提供的投资理财服务，从而容易产生金融排斥。对此，要提高农村居民的普遍信任，关键是要超越血缘关系和家庭意识，积累信任、合作、创新和规范等现代意识。而要实现这一点，就需要从德育教育和法治教育做起，用社会主义核心价值观来改变农村社会的文化、习俗、规范、信仰，克服农村社会的各种陋习和不良风气，加强农村地区的普法教育，普及和宣传法律知识，增强农村居民的遵纪守法意识，使他们能够相信法律、遵守法律。同时要在农村地区积极弘扬社会主义、爱国主义、集体主义价值观念，克服传统思想观念的影响，增进农村居民对社会、对政府、对企业乃至对他人的信任。

2. 加强农村地区的信用体系建设

农村信用体系建设是提升农村地区金融环境，解决农户融资活动中信息不对称问题的重要保障，同时也能够为农村地区形成普遍信任的良好社会氛围提供强有力的制度保障。2009 年，中国人民银行下发了《中国人民银行关于推进农村信用体系建设工作的指导意见》，开始在全国范围内逐步开展农村信用体系建设，尽管近几年来，农村信用体系建设取得了一定的成果，但也存在着较多的问题，如农村地区信用环境差、守信意识淡薄、信息搜集困难等，对此应该加强农村居民的诚信教育，完善农村居民信用信息入库，完善信用激励约束机制，改善农村地区的信用环境。

（1）持续开展诚信宣传教育、普及信用知识

目前，农村群众对信用建设的重要性认识不足，守法诚信在一定程度上难以落实，对此，金融机构和政府要在农村地区广泛开展关于诚信的宣

传教育，普及信用知识，在农村居民中树立牢固的信用意识。一是大力宣扬诚信传统美德。农村金融机构要利用农村的营业网点和关系网络，在农村广泛开展诚信宣传教育，增强农村居民的信用意识和风险意识，积极营造"守信光荣、失信可耻"的良好社会风气。二是政府方面要做好镇、村两级干部的诚信宣传工作，让干部带头讲诚信、守信用，为农村居民树立诚实守信的榜样。三是金融机构要采取多种方式和渠道，在农村广泛开展信用知识系列培训活动，让农村居民认识到信用信息的重要性，自觉维护良好的信用信息，并将这些信用记录运用到日常生产与生活中。

（2）完善信用激励约束机制，实行长效惩戒

要建立适合农村实际的信用激励约束机制。一是要加强沟通协调，由政府有关部门出台与农村信用体系建设相配套的资金支持与补助、税收减免等优惠政策，推动信用信息产品在农村领域的普及与应用。二是要严厉打击不守信用行为，积极争取政府支持，由政法部门介入依法加大对不讲信用、破坏信用行为的惩戒力度；通过媒体公开曝光，实施停止贷款、停止开户、停止结算等措施予以制裁，大力营造良好的社会信用环境。

（三）提升农村地区乡村治理水平，增强农民参与集体事务的意识和能力

一个国家和地区社会资本水平与其行政管理状况有着密切的关系，而农村的社会资本与乡村治理水平也是相互影响、相互促进的。一方面，社会资本有助于规范农村居民的行为，能够促进农村地区的行政管理体制改革，提升村民自治和乡村治理水平；另一方面，农村治理水平的提高、农村居民参与集体事务管理也为农民社会资本的培育提供了必要的空间。

提升乡村治理水平，要深化村民自治实践，为农村社会资本培育和发展创造民主的氛围。为此，一方面要坚持自治为基础，健全农村党组织领导的村民自治机制，依托村民会议、村民代表会议、村民议事会、村民理事会等，形成民事民议、民事民办、民事民管的多层次基层协商格局。同

时，要进一步推进村务公开建设，组织和引导村民积极参与乡村治理，落实村民的知情权和决策权，在完善民主选举的基础上，规范民主决策机制，畅通村民与基层党组织和政府的沟通渠道，主动接受民主监督。此外，还要健全和完善农村的各项规章制度，充分发挥自治章程、村规民约在农村基层治理中的独特功能，弘扬公序良俗。

另一方面，中国有着历史悠久的农耕文明，经过数千年的积累和传承，多数农村地区都形成了一套具有地域特色和乡风传统的治理和教化体系，如乡约制度等，这些传统的治理体系，在现代乡村治理中仍然具有重要的作用，因此，也要重视和发挥传统乡村治理模式和方法。例如，充分发挥乡贤的影响力，吸纳他们参与乡村治理，在缓和邻里关系、调解村民纠纷等方面，起到出谋划策、凝聚人心的作用。

二、重视农村居民的金融宣传，提高其金融素养

农村家庭整体的教育水平和金融素养低、掌握的金融知识较少、金融观念薄弱，这些是制约农村居民金融需求的重要原因。尽管社会资本能够在一定程度上缓解这一问题，但要从根本上缓解这一排斥，需要农村居民自身金融素养和决策能力的提高。

（一）加强农村居民的金融教育，提升其金融知识水平

要提高农村居民的金融素养，最有效的途径就是加大农村居民金融知识的培训力度。中国人民大学中国普惠金融研究院（CAFI）的调查表明，在接受调查的 1752 位农民中，有近 60% 的农民愿意接受金融知识的培训。可见，尽管目前农户金融知识十分欠缺，但是他们对学习金融知识，提高金融受教育水平有较高的愿望。不过农村居民获得金融知识和教育的途径极为有限，农村家庭对于这类信息也缺乏关注，对此就需要政府和金融机构重视农村地区金融知识的宣传，做好金融知识的普及，向农民普及基本

金融常识，同时将金融知识普及的典型经验和服务模式进行标准化、规范化，并做好推广。既要让农村居民认识到能够合理地使用金融产品和服务的重要性和益处，也要教会他们基本的金融知识和技能，同时，还要培养他们正确的金融观念，认识到金融产品和服务中存在的风险。

要普及农村金融知识教育，需要在农村中培养金融知识宣传队伍和志愿者，而金融机构应当充当宣传的主力军，因为它们扎根于当地，具有了解农民、熟悉农民需求的优势，因而可以通过贴近农村生活的各种形式，如举办农村金融知识大讲堂、现场演示农民感兴趣的金融业务流程等，帮助农村居民更深入地了解金融产品和服务，并提升金融能力，使农民、农村和农业真正享受到便利的金融服务。

（二）建立农村居民金融教育的成效评估机制

要重视对于农村金融教育成效的评估，由中国人民银行负责组织，相关金融机构具体实施或者与民间机构合作，要定期对于农民金融素养开展调查，了解农民金融素养变化情况，从而为农村居民金融教育的成效提供评估的依据。如美国联邦储备体系每三年组织一次消费者调查，评估金融教育的成效，并与民间机构合作每隔两年对高中生金融素养水平进行调查。因此，我们建议专门组织农民金融素养调查，可以每三年一个周期，了解农民金融素养水平，评估农民金融教育的成效，并规划下一步的金融教育工作。

（三）搭建信息沟通平台，发挥政府协调作用

农民金融素养的提高需要他们对市场信息有准确的把握，农村金融的发展也不能离开信息的引导。由于农村信息传递渠道比较单一和狭窄，农民对于信息的敏感度较低，农民要及时、准确地了解和关注市场信息，需要政府的引导，由政府与包括金融机构、农业企业、农村各类经营主体等通力合作，搭建农村信息沟通交流的地方信息平台，通过信息的交流沟通，

协调农民与市场、农民与金融机构以及农民与企业之间的关系。

随着信息技术的发展，网络已经成为信息传递的主要途径，政府应该充分利用网络信息平台，一方面向社会展示农民的农产品，将农民与市场紧密联系起来，让有需要的企业或个人能通过网络了解当地特色产品。另一方面，还可以通过网络信息平台把当地农民的需求向全社会公布，以寻求最实用的帮助。同时，还可以通过网络方式开展让农民接受远程教育和培训，提高农民的专业技术知识和学习积极性。

三、扶持农村金融机构发展，推进业务创新

由于农村市场利润较低，因而大型金融机构的金融服务很少考虑农村居民的金融需求，缺乏针对农村居民的金融产品。而扎根于农村的中小型金融机构则是服务农村居民的重要力量，对此，要积极扶持农村中小型金融机构的发展，给予他们更多的优惠措施，放开他们经营的业务范围，不仅向农村居民提供支付清算、贷款等金融服务，也可以针对农村家庭，推出适当的投资服务，包括证券交易的开户、理财计划、投资建议和咨询等，从而有效地满足农村家庭的金融资产配置需求。

（一）利用互联网模式，转变思想观念，创新系统体制和发展模式

互联网金融的发展为农村金融发展和更好地满足农村的金融需求提供了新的机遇，金融机构尤其是农村金融机构要转变思想观念，树立以客户和服务为基础的经营理念，用新的理念和技术构建新的模式，提供新的服务。在目前的服务模式基础上，利用大数据技术，了解农村居民的客户信息，建立新的网络平台和互联网金融服务模式，提供更为完善和便捷的各类金融服务。由于农村的互联网观念和理财观念比较落后，农民的资金主要以存款形式存放在银行，收益率相对较低，而商业银行的理财产品门槛

较高，互联网金融背景下，农民投资者也拥有了可以获得投资收益的机会，对此，金融机构要加大互联网金融产品宣传力度，通过碎片化的金融理财方式，结合当地农村经济发展状况和农民的实际需求，推进理财产品创新。

（二）针对农村金融市场，开发满足农村居民需求的理财产品

理财产品业务已经成为银行等金融机构重要的收入来源，但在理财产品开发中，金融机构往往都采用统一的产品模式，没有考虑需求主体的具体特点，最典型的是理财产品通常有投资起点的要求，主要考虑大多数投资者的购买能力来制定。而对于农村居民来说，平均收入水平较低，门槛较高的理财产品难以被农村居民接受，从而产生金融排斥，只有低门槛理财产品比较接近农民的收入等级，因此金融机构尤其是农村金融机构在发行针对于农村金融市场的理财产品时，要以低门槛产品为主。此外，农村金融机构由于扎根于农村金融市场，相对于其他金融机构更能了解农村居民需求，因而在农村金融市场具有较大的竞争优势，可以预见，随着我国农村经济的发展，农村居民的投资需求将会不断增加，因此，农村金融机构要提前布局，将固有优势有效转换为实际影响力，量身定做理财产品激发农民购买欲望，整合资源实现金融服务由广度向深度的延伸，实现自身与农村居民的经济共赢。

（三）完善农村金融机构网点软硬件设施，扩大新型农村金融机构业务范围

当前许多农村地区还缺乏金融机构网点，尤其是非银行金融机构，为了进一步在农村地区推广与宣传金融投资产品，必须要加强和完善农村金融机构网点的基础设施建设。金融机构网点除负责金融产品的销售外，由于农民对金融知识知之甚少，不够专业化的服务水平只会进一步削减农民对金融资产投资的兴趣。对此，金融机构还需要组织人员进行培训，提升业务人员的服务水平，建立专业化、面对面的服务体系，主动耐心地为农

民答疑解惑。

自 2006 年以来，以村镇银行为代表的新型农村金融机构不断发展，较好地满足了农村居民的基本金融需求，但由于受到软硬件条件的制约，新型农村金融机构的业务比较单一，主要以存贷款为主，无法为农村居民开展其他金融服务。为此，要从政策上给予扶持，鼓励新型农村金融机构通过与商业银行、证券公司和保险公司等金融机构合作，面向农村投资主体积极开展金融投资业务，既能够满足农村主体的投资需求，又可以促进自身的业务发展，提高经营效益。

（四）拓宽农村理财产品营销渠道

由于农村居民理财观念淡薄，对于金融资产投资不太了解，接受程度不高，对此，金融机构要加强对于农村地区金融产品的营销。在产品营销时要充分考虑农村的实际情况，以传统的网点营销推广方式为主，然后辅之以电话、网络等现代信息手段。此外金融机构还可以与村里的大型商店和超市合作，建立合作网点，由超市收集农户的理财需求，联系金融机构，再安排人员下乡进行一对一产品营销和提供开户等金融服务。同时，金融机构还可以在经济比较发达、潜在需求较强的村安排员工定期入户调查，进行理财产品宣传和答疑解难，让农村居民体会到理财的必要性，帮助农户选择适合自己实际情况的理财产品。

四、加强农村社会保障制度建设

农业生产经营的特点决定了农村家庭的收入不稳定，而农村家庭的各项支出却在逐渐增加，包括生产资料投入、住房建设、教育和医疗费用等，由此使得农村家庭可支配的收入有限，缺乏相应的资金进行金融资产投资。对此，需要加强和完善农村地区的农业经营保险、医疗和养老等各项社会保障制度建设，加大财政扶持力度，保障农村居民收入的稳定，降低医疗费用，增加农村家庭的可支配收入，缓解其金融资产选择中的流动性排斥。

（一）进一步提高农村社会保障水平与覆盖率

政府要增加农村社会保障方面的投入，适当增加财政补贴，增加农村社会保障支出占财政支出的比重，提高农村社会保障水平，并要拓宽多渠道的筹资机制，为农村的社会保障制度提供足够的资金支持。

相比城镇而言，农村的社会保障覆盖率偏低，既有社会保障供给方面的原因，也有农村居民自身因素——对社会保险的重要性认识不够。为此，一方面，要从供给角度，进一步完善农村社会保障制度改革，扩大农村社会保障的覆盖面，做到应保尽保。另一方面，要充分利用各种方式，在农村中广泛开展社会保障的宣传，让农村居民认识到社会保障的重要性，了解政府在农村社会保障制度建设的目标、具体措施、补贴政策以及参保的益处等，提高其参保的意愿，引导农村居民自觉主动参保，动员农民群众加大对自身保障的力度，动员社会力量为此作出贡献，从而快速提高农村社会保障的覆盖率。

（二）健全农村社会保障体系

目前我国的农村社会保障制度建设还处于初级阶段，远远没有城镇完善，社会保障项目主要是新型农村社会养老保险、新型农村合作医疗和最低生活保障制度，其他保障项目在农村基本处于缺失状态。为了更好地实现城乡一体化发展，农村的社会保障也需要与城镇社会保障制度有效对接，对此可以逐步在农村地区试点其他的社会保障项目，如新型农村生育保险、新型农村失业保险、新型农村工伤保险等等，从而使得农村社会保障体系从社会保障项目上与城镇逐渐一致。

（三）完善农村社会保障法制建设

社会保障制度的完善需要法律的保障，目前我国社会保障制度正处于发展时期，相关的法律法规还不健全，从而引发了一系列的问题，有关农村社会保障制度的法律制度、社会保障管理和监督机制更不完善。因此必须要根据我国的国情，制定出符合目前我国经济发展水平和社会保障需要的诸多法律法规，尤其是要规范农村社会保障管理和监督机制，推动农村社会保障制度的立法建设。通过立法，明确规定各个主体的权利与义务、社保资金的运作使用等各方面的问题，保证我国社会保障制度的可持续发展，也促进农村社会保障制度的不断健全和完善。

参考文献

白重恩、李宏彬、吴斌珍：《医疗保险与消费：来自新型农村合作医疗的证据》，《经济研究》2012 年第 2 期。

边燕杰、张文宏：《经济体制、社会网络与职业流动》，《中国社会科学》2001 年第 2 期。

蔡秀、肖诗顺：《基于社会资本的农户借贷行为研究》，《农村经济与科技》2009 年第 7 期。

曹力群：《当前我国农村金融市场主体行为研究》，《金融论坛》2001 年第 5 期。

陈强、叶阿忠：《股市收益、收益波动与中国城镇居民消费行为》，《经济学（季刊）》2009 年第 3 期。

陈永伟、史宇鹏、权五燮：《住房财富、金融市场参与和家庭资产组合选择——来自中国城市的证据》，《金融研究》2015 年第 4 期。

程昆、潘朝顺、黄亚雄：《农村社会资本的特性、变化及其对农村非正规金融运行的影响》，《农业经济问题》2006 年第 6 期。

程郁、韩俊、罗丹：《供给配给与需求压抑交互影响下的正规信贷约束：来自 1874 户农户金融需求行为考察》，《世界经济》2009 年第 5 期。

戴文彤：《中国农村金融排斥的现状与成因剖析》，《东南大学学报（哲学社会科学版）》2013 年第 S2 期。

邓旭峰、邱俊杰：《农村金融排斥问题探析及破解之道》，《金融经济学研究》2013 年第 3 期。

段进、曾令华、朱静平：《我国股市财富效应对消费影响的协整分析》，《消费经济》2005 年第 2 期。

段军山、崔蒙雪：《信贷约束、风险态度与家庭资产选择》，《统计研究》2016 年第 6 期。

封思贤、王伟：《农村金融排斥对城乡收入差距的影响——基于中国省域面板数据的分析》，《统计与信息论坛》2014 年第 9 期。

甘犁、李运编：《中国农村家庭金融发展报告（2014）》，西南财经大学出版社 2014 年版。

高沛星、王修华：《我国农村金融排斥的区域差异与影响因素——基于省际数据的实证分析》，《农业技术经济》2011 年第 4 期。

顾新、郭耀煌、李久平：《社会资本及其在知识链中的作用》，《科研管理》2003 年第 5 期。

郭峰、冉茂盛、胡媛媛：《中国股市财富效应的协整分析与误差修正模型》，《金融与经济》2005 年第 2 期。

郭士祺、梁平汉：《社会互动、信息渠道与家庭股市参与——基于 2011 年中国家庭金融调查的实证研究》，《经济研究》2014 年第 S1 期。

何丽芬：《家庭金融研究的回顾与展望》，《科学决策》2010 年第 6 期。

何兴强、史卫：《健康风险与城镇居民家庭消费》，《经济研究》2014 年第 5 期。

何兴强、史卫、周开国：《背景风险与居民风险金融资产投资》，《经济研究》2009 年第 12 期。

贺旭辉、闫逢柱：《社会资本与农村剩余劳动力转移问题分析》，《乡镇经济》2005 年第 12 期。

胡枫、陈玉宇：《社会网络与农户借贷行为——来自中国家庭动态跟踪调查（CFPS）的证据》，《金融研究》2012 年第 12 期。

胡荣：《社会资本与中国农村居民的地域性自主参与——影响村民在村级选举中参与的各因素分析》，《社会学研究》2006 年第 2 期。

胡士华、李伟毅：《农村信贷融资中的担保约束及其解除》，《农业经济问题》2006 年第 2 期。

胡永刚、郭长林：《股票财富、信号传递与中国城镇居民消费》，《经济研究》2012 年第 3 期。

胡振、何婧、臧日宏：《县域农村金融排斥地域差异及影响因素研究》，《中国农业大学学报》2015 年第 3 期。

黄剑宇：《社会资本视角下的农村公共产品供给》，《内蒙古农业大学学报（社会科学版）》2007 年第 3 期。

黄倩、尹志超：《信贷约束对家庭消费的影响——基于中国家庭金融调查数据的实证分析》，《云南财经大学学报》2015 年第 2 期。

黄潇：《金融排斥对农户收入的影响——基于 PSM 方法的经验分析》，《技术经济》2014 年第 7 期。

季文、应瑞瑶：《农村劳动力转移的方向与路径：一个宏观社会网络的解释框架》，《江苏社会科学》2007 年第 2 期。

贾先文：《社会资本嵌入下公共服务供给中农民合作行为选择》，《求索》2010 年第 7 期。

蒋传刚、孙旭友：《社会资本的缺失：城市农民工越轨行为探析》，《新学术》2007 年第 1 期。

蒋乃华、卞智勇：《社会资本对农村劳动力非农就业的影响——来自江苏的实证》，《管理世界》2007 年第 12 期。

雷晓燕、周月刚：《中国家庭的资产组合选择：健康状况与风险偏好》，《金融研究》2010 年第 1 期。

李振明：《中国股市财富效应的实证分析》，《经济科学》2001 年第 3 期。

李波：《中国城镇家庭金融风险资产配置对消费支出的影响——基于微观调查数据 CHFS 的实证分析》，《国际金融研究》2015 年第 1 期。

李丹、张兵：《社会资本能持续缓解农户信贷约束吗》，《上海金融》2013 年第 10 期。

粟芳、方蕾：《中国农村金融排斥的区域差异：供给不足还是需求不足？——银行、保险和互联网金融的比较分析》，《管理世界》2016 年第 9 期。

李丽芳、柴时军、王聪：《生命周期、人口结构与居民投资组合——来自中国家庭金融调查（CHFS）的证据》，《华南师范大学学报（社会科学版）》2015 年第 4 期。

李娜：《吉林省农村人才流动现象的社会资本研究》，《长春师范学院学报（人文社会科学版）》2007 年第 9 期。

李涛：《社会互动、信任与股市参与》，《经济研究》2006 年第 1 期。

李涛：《社会互动与投资选择》，《经济研究》2006 年第 8 期。

李涛、陈斌开：《家庭固定资产、财富效应与居民消费：来自中国城镇家庭的经验证据》，《经济研究》2014 年第 3 期。

李涛、郭杰：《风险态度与股票投资》，《经济研究》2009 年第 2 期。

李学峰、徐辉：《中国股票市场财富效应微弱研究》，《南开经济研究》2003 年第 3 期。

李雪松、黄彦彦：《房价上涨、多套房决策与中国城镇居民储蓄率》，《经济研究》2015 年第 9 期。

林聚任等：《社会信任和社会资本重建——当前乡村社会关系研究》，山东人民出版社 2007 年版。

林善浪、张丽华：《社会资本、人力资本与农民工就业搜寻时间的关系——基于福建省农村地区的问卷调查》，《农村经济》2010 年第 6 期。

刘长庚、田龙鹏、陈彬等：《农村金融排斥与城乡收入差距——基于我国省级面板数据模型的实证研究》，《经济理论与经济管理》2013 年第 10 期。

刘建江、杨玉娟、袁冬梅：《从消费函数理论看房地产财富效应的作用机制》，《消费经济》2005 年第 2 期。

刘潇、程志强、张琼：《居民健康与金融投资偏好》，《经济研究》2014 年第 S1 期。

龙翠红、易承志：《政府信任与社会资本对农民医保参与的影响——基于 CGSS2012 数据的实证分析》，《华中师范大学学报（人文社会科学版）》2016 年第 6 期。

卢家昌、顾金宏：《城镇家庭金融资产选择研究：基于结构方程模型的分析》，《金融理论与实践》2010 年第 3 期。

卢嘉瑞、朱亚杰：《股市财富效应及其传导机制》，《经济评论》2006 年第 6 期。

鲁强：《农村金融排斥的区域差异与影响因素——理论分析与实证检验》，《金融论坛》2014 年第 1 期。

吕学梁、吴卫星：《借贷约束对于中国家庭投资组合影响的实证分析》，《科学决策》2017 年第 6 期。

骆祚炎：《近年来中国股市财富效应的实证分析》，《当代财经》2004 年第 7 期。

骆祚炎：《城镇居民金融资产与不动产财富效应的比较分析》，《数量经济技术经济研究》2007 年第 11 期。

马红梅：《社会资本对农村劳动力转移的作用分析》，《理论与当代》2012 年第 8 期。

马红梅、陈柳钦：《农村社会资本理论及其分析框架》，《河北经贸大学学报》2012 年第 2 期。

马九杰、刘海英、温铁军：《农村信贷约束与农村金融体系创新》，《中国农村金融》2010 年第 2 期。

马九杰、沈杰：《中国农村金融排斥态势与金融普惠策略分析》，《农村金融研究》2010 年第 5 期。

毛定祥：《我国股票市场财富效应的实证分析》，《上海大学学报（自然科学版）》2004 年第 2 期。

孟亦佳：《认知能力与家庭资产选择》，《经济研究》2014 年第 S1 期。

彭慧蓉：《农村居民的家庭理财行为与意愿研究——基于中部 3 省的调查数据》，《求实》2012 年第 12 期。

卜长莉：《社会关系网络是当代中国劳动力流动的主要途径和支撑》，《长春理工大学学报（社会科学版）》2004 年第 2 期。

阮荣平、郑风田、刘力：《宗教信仰对农村社会养老保险参与行为的影响分析》，《中国农村观察》2015 年第 1 期。

宋勃：《房地产市场财富效应的理论分析和中国经验的实证检验：1998—2006》，《经济科学》2007 年第 5 期。

宋言奇：《社会资本与农村生态环境保护》，《人文杂志》2010 年第 1 期。

孙昕、徐志刚、陶然等：《政治信任、社会资本和村民选举参与——基于全国代表性样本调查的实证分析》，《社会学研究》2007 年第 4 期。

史代敏、宋艳：《居民家庭金融资产选择的实证研究》，《统计研究》2005 年第 10 期。

史清华、陈凯：《欠发达地区农民借贷行为的实证分析——山西 745 户农民家庭的借贷行为的调查》，《农业经济问题》2002 年第 10 期。

孙颖、林万龙：《市场化进程中社会资本对农户融资的影响——来自 CHIPS 的证据》，《农业技术经济》2013 年第 4 期。

谭露：《基于供给偏好视角下的我国农村金融排斥问题研究》，《安徽农业科学》

2009 年第 16 期。

谭露:《基于交易费用视角下我国农村金融排斥问题研究》,《农村经济与科技》 2010 年第 1 期。

谭燕芝、陈彬、田龙鹏等:《什么因素在多大程度上导致农村金融排斥难题——基 于 2010 年中部六省 667 县(区)数据的实证分析》,《经济评论》2014 年第 1 期。

李惠斌、杨雪冬主编:《社会资本与社会发展》,社会科学文献出版社 2000 年版。

唐绍祥、蔡玉程、解梁秋:《我国股市的财富效应——基于动态分布滞后模型和状 态空间模型的实证检验》,《数量经济技术经济研究》2008 年第 6 期。

王天鸽、张志新、崔兆财:《人力资本、社会资本与农村劳动力转移》,《产业与科 技论坛》2015 年第 17 期。

王修华:《新农村建设中的金融排斥与破解思路》,《农业经济问题》2009 年第 7 期。

王修华、邱兆祥:《农村金融排斥:现实困境与破解对策》,《中央财经大学学报》 2010 年第 10 期。

王修华、曹琛、程锦等:《中部地区农村金融排斥的现状与对策研究》,《河南金融 管理干部学院学报》2009 年第 3 期。

王宇:《财富效应、人力资本和金融深化对农村家庭投资组合的影响研究——农村 家庭金融市场参与的比较研究》,《经济经纬》2008 年第 6 期。

王宇、周丽:《农村家庭金融市场参与影响因素的比较研究》,《金融理论与实践》 2009 年第 4 期。

吴典军、张晓涛:《农户的信贷约束——基于 684 户农户调查的实证研究》,《农业 技术经济》2008 年第 4 期。

吴淼:《基于社会资本的农村公共产品供给效率》,《中国行政管理》2007 年第 10 期。

吴卫星、齐天翔:《流动性、生命周期与投资组合相异性——中国投资者行为调查 实证分析》,《经济研究》2007 年第 2 期。

吴卫星、荣苹果、徐芊:《健康与家庭资产选择》,《经济研究》2011 年第 S1 期。

吴卫星、徐芊、王宫:《能力效应与金融市场参与:基于家庭微观调查数据的分 析》,《财经理论与实践》2012 年第 4 期。

吴卫星、易尽然、郑建明：《中国居民家庭投资结构：基于生命周期、财富和住房的实证分析》，《经济研究》2010 年第 S1 期。

吴玉锋：《社会互动与新型农村社会养老保险参保行为实证研究》，《华中科技大学学报（社会科学版）》2011 年第 4 期。

解垩：《房产和金融资产对家庭消费的影响：中国的微观证据》，《财贸研究》2012 年第 4 期。

谢正勤、钟甫宁：《农村劳动力的流动性与人力资本和社会资源的关系研究——基于江苏农户调查数据的实证分析》，《农业经济问题》2006 年第 8 期。

徐少君、金雪军：《国外金融排除研究新进展》，《金融理论与实践》2008 年第 9 期。

许圣道、田霖：《我国农村地区金融排斥研究》，《金融研究》2008 年第 7 期。

徐展峰、贾健：《农民金融资产分布、选择行为与影响因素分析——基于江西省 2450 个农户数据》，《中国农业大学学报》2010 年第 5 期。

薛宝贵、何炼成：《市场竞争、金融排斥与城乡收入差距》，《财贸研究》2016 年第 1 期。

杨汝岱、陈斌开、朱诗娥：《基于社会网络视角的农户民间借贷需求行为研究》，《经济研究》2011 年第 11 期。

杨兆廷、连漪：《农村金融融量缺口及其内生性问题研究》，《农村金融研究》2008 年第 12 期。

叶德珠、周丽燕：《幸福感会影响家庭金融资产的选择吗？——基于中国家庭金融调查数据的实证分析》，《南方金融》2015 年第 2 期。

尹志超、宋鹏、黄倩：《信贷约束与家庭资产选择——基于中国家庭金融调查数据的实证研究》，《投资研究》2015 年第 1 期。

尹志超、宋全云、吴雨：《金融知识、投资经验与家庭资产选择》，《经济研究》2014 年第 4 期。

余新平、熊皛白、熊德平：《中国农村金融发展与农民收入增长》，《中国农村经济》2010 年第 6 期。

曾庆芬、马胜：《欠发达农村信贷约束与政策性金融创新》，《河南金融管理干部学院学报》2008 年第 2 期。

曾志耕、何青、吴雨等：《金融知识与家庭投资组合多样性》，《经济学家》2015 年第 6 期。

张兵、赵雪蕊：《背景风险对中国家庭风险金融资产的影响——基于 CHFS 微观数据的实证分析》，《金融理论与实践》2015 年第 10 期。

张春超：《社会主义新农村建设中农户信贷约束与破解》，《济南金融》2007 年第 11 期。

张大永、曹红：《家庭财富与消费：基于微观调查数据的分析》，《经济研究》2012 年第 S1 期。

张珂珂、吴猛猛：《我国农村居民家庭金融资产现状与影响因素的实证分析——基于全国 500 户农村居民家庭的调查》，《金融纵横》2013 年第 8 期。

张建杰：《农户社会资本及对其信贷行为的影响——基于河南省 397 户农户调查的实证分析》，《农业经济问题》2008 年第 9 期。

张俊生、曾亚敏：《社会资本与区域金融发展——基于中国省际数据的实证研究》，《财经研究》2005 年第 4 期。

张里程、汪宏、王禄生等：《社会资本对农村居民参与新型农村合作医疗支付意愿的影响》，《中国卫生经济》2004 年第 10 期。

张青、崔运强：《社会资本：我国农村公共物品供给的一个分析视角》，《山东省农业管理干部学院学报》2006 年第 2 期。

张维迎、柯荣住：《信任及其解释：来自中国的跨省调查分析》，《经济研究》2002 年第 10 期。

张文闻、陈广汉：《社会资本与中国农村养老保险——基于 CHIPS 数据的实证研究》，《社会保障研究》2016 年第 5 期。

赵永刚、何爱平：《农村合作组织、集体行动和公共水资源的供给——社会资本视角下的渭河流域农民用水者协会绩效分析》，《重庆工商大学学报（西部论坛）》2007 年第 1 期。

钟春平、孙焕民、徐长生：《信贷约束、信贷需求与农户借贷行为：安徽的经验证据》，《金融研究》2010 年第 11 期。

周立：《农村金融市场四大问题及其演化逻辑》，《财贸经济》2007 年第 2 期。

周立：《治本之策在"农"外》，《瞭望》2007 年第 Z1 期。

周生春、汪杰贵：《乡村社会资本与农村公共服务农民自主供给效率——基于集体行动视角的研究》，《浙江大学学报（人文社会科学版)》2012 年第 3 期。

周涛、鲁耀斌：《基于社会资本理论的移动社区用户参与行为研究》，《管理科学》2008 年第 3 期。

周晓蓉、代艳花、曾尹嬿等：《资产财富效应实证研究新进展》，《经济学动态》2014 年第 10 期。

周运清、刘莫鲜：《社会资本在农村劳动力流动中的负面效应分析》，《江汉大学学报（人文科学版)》2004 年第 3 期。

朱光伟、杜在超、张林：《关系、股市参与和股市回报》，《经济研究》2014 年第 11 期。

祝英丽、刘贯华、李小建：《中部地区金融排斥的衡量及原因探析》，《金融理论与实践》2010 年第 2 期。

朱喜、李子奈：《我国农村正式金融机构对农户的信贷配给——一个联立离散选择模型的实证分析》，《数量经济技术经济研究》2006 年第 3 期。

宗庆庆、刘冲、周亚虹：《社会养老保险与我国居民家庭风险金融资产投资——来自中国家庭金融调查（CHFS）的证据》，《金融研究》2015 年第 10 期。

Agarwal S. and B. Mazumder, "Cognitive Abilities and Household Financial Decision Making", *American Economic Journal Applied Economics*, Vol. 5, No. 1, 2011.

Agnew J., P. Balduzzi and A. Sunden, "Portfolio Choice and Trading in a Large 401 (k) Plan", *The American Economic Review*, Vol. 93, No. 1, 2003.

Alan S., "Entry, Costs and Stock Market Participation over the Life Cycle", *Review of Economic Dynamics*, Vol. 9, No. 4, 2006.

Alessie R., S. Hochguertel and A. S. Van, "Ownership of Stocks and Mutual Funds: A Panel Data Analysis", *The Review of Economics and Statistics*, Vol. 86, No. 3, 2004.

Ameriks J. and P. S. Zeldes, "How Do Household Portfolio Shares Vary with Age?", Working Paper, Columbia University, 2004.

Banerjee A. V., "A Simple Model of Herd Behavior", *The Quarterly Journal of Economics*, Vol. 107, No. 3, 1992.

Barnea A., H. Cronqvist and S. Siegel, "Nature or Nurture: What Determines Investor

Behavior?", *Journal of Financial Economics*, Vol. 98, No. 3, 2010.

Barsky R. B., F. T. Juster, M. S. Kimball and M. D. Shapiro, "Preference Parameters and Behavioral Heterogeneity: An Experimental Approach in the Health and Retirement Study", *The Quarterly Journal of Economics*, Vol. 112, No. 2, 1997.

Beauchamp J., D. Cesarini and M. Johannesson, "The Psychometric Properties of Measures of Economic Risk Preferences", Working Paper, Harvard University, 2011.

Benjamin D. J., S. A. Brown and J. M. Shapiro, "Who Is 'Behavioral'? Cognitive Ability and Anomalous Preferences", *Journal of the European Economic Association*, Vol. 11, No. 6, 2013.

Benjamin J. D., P. Chinloy and G. D. Jud, "Real Estate Versus Financial Wealth in Consumption", *Journal of Real Estate Finance & Economics*, Vol. 29, No. 3, 2004.

Bertaut C. C., "Equity Prices, Household Wealth, and Consumption Growth in Foreign Industrial Countries: Wealth Effects in the 1990s", International Finance Discussion Papers, 2002.

Bertrand M. and A. Morse, "Information Disclosure, Cognitive Biases, and Payday Borrowing", *The Journal of Finance*, Vol. 66, No. 6, 2011.

Betermier S., T. Jansson, C. Parlour and J. Walden, "Hedging Labor Income Risk", *Journal of Financial Economics*, Vol. 105, No. 3, 2012.

Bhushan R., "Firm Characteristics and Analyst Following", *Journal of Accounting and Economics*, Vol. 11, No. 2, 1989.

Bikhchandani S., D. Hirshleifer and I. Welch, "A Theory of Fads, Fashion, Custom, and Cultural Change as Informational Cascades", *Journal of Political Economy*, Vol. 100, No. 5, 1992.

Blume M. E. and I. Friend, "The Asset Structure of Individual Portfolios and Some Implications for Utility Functions", *The Journal of Finance*, Vol. 30, No. 2, 1975.

Bodie Z., R. C. Merton and W. F. Samuelson, "Labor Supply Flexibility and Portfolio Choice in a Life Cycle Model", *Journal of Economic Dynamics and Control*, Vol. 16, No. 4, 1992.

Boone L., C. Giorno and P. Richardson, "Stock Market Fluctuations and Consumption

Behaviour：Some Recent Evidence", OECD Economics Department Working Paper, 1998.

Bossone B. , "The Role of Trust in Financial Sector Development", Policy Research Working Paper, No. 2200, the World Bank, 1999.

Bostic R. , S. Gabriel and G. Painter, "Housing Wealth, Financial Wealth, and Consumption：New Evidence from Micro Data", *Regional Science & Urban Economics*, Vol. 39, No. 1, 2009.

Bourdieu P. , "The Forms of Capital", in John Richardson, ed. , *Handbook of Theory and Research for the Sociology of Education*, New York：Greenwood Press, 1986.

Brunnermeier M. K. and S. Nagel, "Do Wealth Fluctuations Generate Time – Varying Risk Aversion? Micro – Evidence on Individuals'Asset Allocation", *The American Economic Review*, Vol. 98, No. 3, 2008.

Calvet L. E. , J. Y. Campbell and P. Sodini, "Down or Out：Assessing the Welfare Costs of Household Investment Mistakes", *Journal of Political Economy*, Vol. 115, No. 5, 2007.

Calvet L. E. , J. Y. Campbell and P. Sodini, "Fight or Flight? Portfolio Rebalancing by Individual Investors", *The Quarterly Journal of Economics*, Vol. 124, No. 1, 2009.

Calvet L. E. and P. Sodini, "Twin Picks：Disentangling the Determinants of Risk – Taking in Household Portfolios", *The Journal of Finance*, Vol. 69, No. 2, 2014.

Campbell J. Y. , "Household Finance", *The Journal of Finance*, Vol. 61, No. 4, 2006.

Campbell J. Y. and L. M. Viceira, "Strategic Asset Allocation：Portfolio Choice for Long – Term Investors", Oxford University Press, USA, 2002.

Cardak B. A. and R. Wilkins, "The Determinants of Household Risky Asset Holdings：Australian Evidence on Background Risk and Other Factors", *Journal of Banking & Finance*, Vol. 33, No. 5, 2009.

Carroll C. D. , "Portfolios of the Rich", NBER Working Paper, No. 7826, 2000.

Carroll C. D. , M. Otsuka and J. Slacalek, "How Large Are Housing and Financial Wealth Effects? A New Approach", *Journal of Money Credit & Banking*, Vol. 43, No. 1, 2011.

Case K. E. , J. M. Quigley and R. J. Shiller, "Comparing Wealth Effects：The Stock Market Versus the Housing Market", *Advances in Macroeconomics*, Vol. 5, No. 1, 2005.

Cesarini D. , C. T. Dawes, M. Johannesson, P. Lichtenstein and B. Wallace, "Genetic

Variation in Preferences for Giving and Risk Taking", *The Quarterly Journal of Economics*, Vol. 124, No. 2, 2009.

Cesarini D., M. Johannesson, P. Lichtenstein, Örjan Sandewall and B. Wallace, "Genetic Variation in Financial Decision – Making", *The Journal of Finance*, Vol. 65, No. 5, 2010.

Choi J. J., D. Laibson, B. C. Madrian and A. Metric, "For Better or for Worse: Default Effects and 401 (k) Savings Behavior", *Social Science Electronic Publishing*, Vol. 5, No. 4, 2004.

Christiansen C., J. S. Joensen and J. Rangvid, "Are Economists More Likely to Hold Stocks?", *Review of Finance*, Vol. 12, No. 3, 2008.

Cocco J. F., "Portfolio Choice in the Presence of Housing", *Review of Financial Studies*, Vol. 18, No. 2, 2005.

Cocco J. F., F. J. Gomes and P. J. Maenhout, "Consumption and Portfolio Choice over the Life Cycle", *Review of Financial Studies*, Vol. 18, No. 2, 2005.

Cole S. A. and G. K. Shastry, "Smart Money: the Effect of Education, Cognitive Ability, and Financial Literacy on Financial Market Participation", Harvard Business School, Working Paper, 2009.

Coleman J. S., "Social Capital in the Creation of Human Capital", *American Journal of Sociology*, Vol. 94, 1988.

Coleman J. S., *Foundations of Social Theory*, Harvard University Press, 1990.

Constantinides G. M., "Capital Market Equilibrium with Transaction Costs", *Journal of Political Economy*, Vol. 94, No. 4, 1986.

Constantinides G. M., J. B. Donaldson and R. Mehra, "Junior Can't Borrow: A New Perspective on the Equity Premium Puzzle", *The Quarterly Journal of Economics*, Vol. 117, No. 1, 2002.

Dammon R. M., C. S. Spatt, H. H. Zhang, "Optimal Asset Location and Allocation with Taxable and Tax – Deferred Investing", *Journal of Finance*, Vol. 59, No. 3, 2004.

Daniel K., D. Hirshleifer, A. Subrahmanyam, "Investor Psychology and Security Market under – and Overreactions", *The Journal of Finance*, Vol. 53, No. 6, 1998.

Davis M. A. and M. Palumbo, "A Primer on the Economics and Time Series Econometrics of Wealth Effects", Finance & Economics Discussion, 2001.

Demirguc – Kunt A. , P. Honohan, T. Beck, "Finance for All?: Policies and Pitfalls in Expanding Access", World Bank, 2008.

Deutsch M. , *The Resolution of Conflict: Constructive and Destructive Processes*, Yale University Press, 1977.

Deutsch M. , H. B. Gerard, "A Study of Normative and Informational Social Influences upon Individual Judgment ", *The Journal of Abnormal and Social Psychology*, Vol. 51, No. 3, 1955.

Dohmen T. , A. Falk and D. Huffman, "Are Risk Aversion and Impatience Related to Cognitive Ability?" *The American Economic Review*, Vol. 100, No. 3, 2010.

Dohmen T. , A. Falk, Huffman D. , U. Sunde, J. Schupp and G. G. Wagner, "Individual Risk Attitudes: Measurement, Determinants, and Behavioral Consequences", *Journal of the European Economic Association*, Vol. 9, No. 3, 2011.

Durlauf S. , "Neighborhood Effects", in *Handbook of Regional and Urban Economics* , J. V. Henderson and J . F. Thisse, eds, 2004.

Dvornak N. and M. Kohle, "Housing Wealth, Stock Market Wealth and Consumption: A Panel Analysis for Australia", *Economic Record*, Vol. 83, No. 261, 2007.

Dynan K. E. and D. M. Maki, "Does Stock Market Wealth Matter for Consumption?", *Board of Governors of the Federal Reserve System, Finance and Economics Discussion Papers*, 2001.

Dynan K. E. , J. Skinner, S. P. Zeldes, "Do the Rich Save More?", *Journal of Political Economy*, Vol. 112, No. 2, 2004.

Ellison G. and D. Fudenberg, "Word – of – mouth Communication and Social Learning", *The Quarterly Journal of Economics*, Vol. 110, No. 1, 1995.

Fagereng A. , C. Gottlieb and L. Guiso, "Asset Market Participation and Portfolio Choice over the Life – Cycle", Working paper, 2011.

Fehr – Duda H. , M. D. Gennaro and R. Schubert, "Gender, Financial Risk, and Probability Weights", *Theory and Decision*, Vol. 60, No. 2, 2006.

Feldman D. C. , "The Development and Enforcement of Group Norms", *Academy of Man-*

agement Review, Vol. 9, No. 1, 1984.

Flavin M. and T. Yamashita, "Owner – Occupied Housing and the Composition of the Household Portfolio", American Economic Review, Vol. 92, No. 1, 2002.

Frederick S. , "Cognitive Reflection and Decision Making", The Journal of Economic Perspectives, Vol. 19, No. 4, 2005.

Fukuyama F. , "Trust: The Social Virtues and the Creation of Prosperity", Free Press Paperbacks, 1995.

Funke N. , "Is There a Stock Market Wealth Effect in Emerging Markets?", Economics Letters, Vol. 83, No. 3, 2004.

Gan J. , "Housing Wealth and Consumption Growth: Evidence from a Large Panel of Households", Review of Financial Studies, Vol. 23, No. 6, 2010.

Gentry W. M. and R. G. Hubbard, "Entrepreneurship and Household Saving", Social Science Electronic Publishing, 2004.

Georgarakos D. and G. Pasini, "Trust, Sociability and Stock Market Participation", Review of Finance, Vol. 15, No. 4, 2011.

Glaeser E. L. , D. Laibson and B. Sacerdote, "An Economic Approach to Social Capital", The Economic Journal, Vol. 112, No. 483, 2002.

Gollier C. , "Does Ambiguity Aversion Reinforce Risk Aversion? Applications to Portfolio Choices and Asset Prices", Working Paper, University of Toulouse, 2006.

Gomes F. and A. Michaelides, "Optimal Life - Cycle Asset Allocation: Understanding the Empirical Evidence", The Journal of Finance, Vol. 60, No. 2, 2005.

Grant C. and T. A. Peltonen, "Housing and Equity Wealth Effects of Italian Households", European Central Bank Working Paper, 2008.

Grinblatt M. , M. Keloharju and J. Linnainmaa, "IQ and Stock Market Participation", Journal of Finance, Vol. 66, No. 6, 2011.

Grinblatt M. , S. Titman and R. Wermers, "Momentum Investment Strategies, Portfolio Performance, and Herding: A Study of Mutual Fund Behavior", The American Economic Review, Vol. 85, No. 5, 1995.

Grootaert C. and T. V. Bastelaer, "The Role of Social Capital in Development: An Empirical Assessment", Cambridge University Press, 2002.

Grootaert C. , D. Narayan, J. V. Nyhan and M. Woolcock, "Measuring Social Capital : An Integrated Questionnaire", World Bank Working Paper, 2004.

Grossman S. J. and J. L. Vila, "Optimal Dynamic Trading with Leverage Constraints", *Journal of Financial and Quantitative Analysis*, Vol. 27, No. 2, 1992.

Gruber J. and A. Yelowitz, "Public Health Insurance and Private Savings", *Journal of Political Economy*, Vol. 107, No. 6, 1999.

Guiso L. and T. Jappelli, "Awareness and Stock Market Participation", *Review of Finance*, Vol. 9, No. 4, 2005.

Guiso L. , M. Haliassos and T. Jappelli, *Household portfolios*, MIT Press, 2002.

Guiso L. and M. Paiella, "The Role of Risk Aversion in Predicting Individual Behaviors", CEPR Discussion Paper, 2004.

Guiso L. and M. Paiella, "Risk Aversion, Wealth, and Background Risk", *Journal of the European Economic Association*, Vol. 6, No. 6, 2008.

Guiso L. , P. Sapienza and L. Zingales, "Trusting the Stock Market", *The Journal of Finance*, Vol. 63, No. 6, 2008.

Guiso L. and P. Sodini, "Household Finance: An Emerging Field", *Handbook of the Economics of Finance*, Vol. 2, 2013.

Haliassos M. and C. C. Bertaut, "Why Do So Few Hold Stocks?", *The Economic Journal*, Vol. 105, No. 432, 1995.

Haliassos M. and C. Hassapis, "Borrowing Constraints, Portfolio Choice, and Precautionary Motives: Theoretical Predictions and Empirical Complications", CSEF Working Paper, 1998.

Haliassos M. , T. Jansson and Y. Karabulut, "Incompatible European Partners? Cultural Predispositions and Household Financial Behavior", SSRN Working Paper, 2016.

Haliassos M. and A. Michaelides, "Portfolio Choice and Liquidity Constraints", *International Economic Review*, Vol. 44, No. 1, 2003.

Heaton J. and D. Lucas, "Market Frictions, Savings Behavior, and Portfolio Choice", *Macroeconomic Dynamics*, Vol. 1, No. 1, 1997.

Hong H. , J. D. Kubik and J. C. Stein, "Social Interaction and Stock Market Participation", *Social Science Electronic Publishing*, Vol. 59, No. 1, 2004.

Hubbard R. G., J. Skinner and S. P. Zeldes, "Precautionary Saving and Social Insurance", *Journal of Political Economy*, Vol. 103, No. 2, 1994.

Huggett M., "Wealth Distribution in Life – Cycle Economies", *Journal of Monetary Economics*, Vol. 38, No. 3, 1996.

Hung M. W., Y. J. Liu, C. F. Tsai and N. Zhu, "Portfolio Choice and Background: Risk New Evidence from Taiwan", Working Paper, 2009.

Hurd M., M. Van Rooi and J. Winter, "Stock Market Expectations of Dutch Households", *Journal of Applied Econometrics*, Vol. 26, No. 3, 2011.

Jansen W. J. and N. J. Nahuis, "The Stock Market and Consumer Confidence: European Evidence", *Economics Letters*, Vol. 79, No. 1, 2003.

Kaustia M. and S. Knüpfer, "Do Investors Overweight Personal Experience? Evidence from IPO Subscriptions", *The Journal of Finance*, Vol. 63, No. 6, 2008.

Kempson E., *In or Out? Financial Exclusion: A Literature and Research Review*, FSA Press, 2000.

Kempson E. and C. Whyley, *Kept Out or Opted Out? —Understanding and Combating Financial Exclusion*, The Policy Press, 1999.

Kézdi G. and R. J. Willis, "Stock Market Expectations and Portfolio Choice of American Households", Working Paper, University of Michigan, 2009.

Koo H. K., "Consumption and Portfolio Selection with Labor Income: A Continuous Time Approach", *Mathematical Finance*, Vol. 8, No. 1, 1998.

Krishna A. and E. Shrader, "Social Capital Assessment Tool", *Conference on Social Capital and Poverty Reduction*, World Bank, Washington, D. C., 1999.

Leyshon A. and N. Thrift, "The Restructuring of the UK Financial Services Industry in the 1990s: A Reversal of Fortune", *Journal of Rural Studies*, Vol. 9, No. 3, 1993.

Leyshon A. and N. Thrift, "Geographies of Financial Exclusion: Financial Abandonment in Britain and the United States", *Transactions of the Institute of British Geographers*, Vol. 20, 1995.

Lin N., *Social Capital: A Theory of Social Structure and Action*, Cambridge University

Press, 2002.

Link C. , "A Report on Financial Exclusion in Australia", ANZ Bank, 2004.

Malmendier U. and S. Nagel, "Depression Babies: Do Macroeconomic Experiences Affect Risk Taking?", *Quarterly Journal of Economics*, Vol. 126, 2011.

Manski C. F. , "Economic Analysis of Social Interactions", *Journal of Economic Perspectives*, Vol. 14, No. 3, 2000.

Markowitz H. , "Portfolio Selection", *Journal of Finance*, Vol. 7, No. 1, 1952.

Massa M. and A. Simonov, "Hedging, Familiarity and Portfolio Choice", *Review of Financial Studies*, Vol. 19, No. 2, 2006.

Merton R. C. , "Lifetime Portfolio Selection under Uncertainty: The Continuous – Time Case", *Review of Economics & Statistics*, Vol. 51, No. 3, 1969.

Merton R. C. , "Optimum Consumption and Portfolio Rules in a Continuous – Time Model", *Journal of Economic Theory*, Vol. 3, No. 4, 1971.

Nahapiet J. and S. Ghoshal, "Social Capital, Intellectual Capital, and the Organizational Advantage", *Academy of Management Review*, Vol. 23, No. 2, 1998.

Paiella M. , "The Stock Market, Housing and Consumer Spending: A Survey of the Evidence on Wealth Effects", *Journal of Economic Surveys*, Vol. 23, No. 5, 2009.

Paxson C. , "Borrowing Constraints and Portfolio Choice", *The Quarterly Journal of Economics*, Vol. 105, No. 2, 1990.

Paxton P. , "Is Social Capital Declining in the United States? A Multiple Indicator Assessment", *American Journal of Sociology*, Vol. 105, No. 1, 1999.

Portes A. , "Social Capital: Its Origins and Applications in Modern Sociology", *Annual Review of Sociology*, Vol. 24, No. 1, 1998.

Poterba J. M. and A. A. Samwick, "Taxation and Household Portfolio Composition: Us Evidence from the 1980s and 1990s", *Journal of Public Economics*, Vol. 87, 2003.

Poterba J. M. , A. A. Samwick, A. Shleifer and R. J. Shiller, "Stock Ownership Patterns, Stock Market Fluctuations, and Consumption", *Brookings Papers on Economic Activity*, No. 2, 1995.

Powell M. and D. Ansic, "Gender Differences in Risk Behaviour in Financial Decision –

Making: An Experimental Analysis", *Journal of Economic Psychology*, Vol. 18, No. 6, 1997.

Putnam R. D. , "The Prosperous Community", *The American Prospect*, Vol. 4, No. 13, 1993.

Quadrini V. , "Entrepreneurship, Saving and Social Mobility", *Review of Economic Dynamics*, Vol. 3, No. 1, 2000.

Rosenbaum P. R. and D. B. Rubin, "Constructing a Control Group Using Multivariate Matched Sampling Methods That Incorporate the Propensity Score", *American Statistician*, Vol. 39, No. 1, 1985.

Scharfstein D. S. and J. C. Stein, "Herd Behavior and Investment", *The American Economic Review*, Vol. 80, No. 3, 1990.

Sharpe W. F. , "Capital Asset Prices: A Theory of Market Equilibrium under Conditions of Risk", *Journal of Finance*, Vol. 19, No. 3, 1964.

Sherif K. , O. Seck and E. Tobing. , "Financial Wealth Effect: Evidence from Threshold Estimation", *Journal of Housing Economics*, Vol. 22, No. 1, 2013.

Shiller R. J. and J. Pound, "Survey Evidence on Diffusion of Interest and Information among Investors", *Journal of Economic Behavior & Organization*, Vol. 12, No. 1, 1989.

Shum P. and M. Faig, "What Explains Household Stock Holdings?", *Journal of Banking & Finance*, Vol. 30, No. 9, 2006.

Sousa R. M. , "Wealth Effects on Consumption : Evidence from the Euro Area", NIPE Working Paper, 2009.

Steindel C. and S. C. Ludvigson, "How Important Is the Stock Market Effect on Consumption?", Research Paper , Federal Reserve of New York, No. 5, 1999.

Uphoff N. T. , "Learning from Gal Oya: Possibilities for Participatory Development and Post – Newtonian Social Science", *Intermediate Technology Publications*, 1996.

Vila J. L. and T. Zariphopoulou, "Optimal Consumption and Portfolio Choice with Borrowing Constraints", *Journal of Economic Theory*, Vol. 77, No. 2, 1997.

Vissing – Jorgensen A. , "Towards an Explanation of Household Portfolio Choice Heterogeneity: Non Financial Income and Participation Cost Structures", NBER Working Paper, 2002.

Wachter J. A. and M. Yogo, "Why Do Household Portfolio Shares Rise in Wealth?", *The*

Review of Financial Studies, Vol. 23, No. 11, 2010.

　　Yao R. and H. H. Zhang, "Optimal Consumption and Portfolio Choices with Risky Housing and Borrowing Constraints", *Review of Financial Studies*, Vol. 18, No. 6, 2005.

责任编辑：张　燕
封面设计：胡欣欣
责任校对：刘　青

图书在版编目（CIP）数据

社会资本与农村家庭金融资产选择：基于金融排斥视角／陈磊，葛永波
　著. —北京：人民出版社，2019.12
ISBN 978 - 7 - 01 - 021579 - 2

Ⅰ. ①社… Ⅱ. ①陈… ②葛… Ⅲ. ①农户—家庭—金融资产—配置—研
　究—中国 Ⅳ. ①TS976. 15

中国版本图书馆 CIP 数据核字（2019）第 259096 号

社会资本与农村家庭金融资产选择：基于金融排斥视角
SHEHUI ZIBEN YU NONGCUN JIATING JINRONG ZICHAN
XUANZE JIYU JINRONG PAICHI SHIJIAO

陈　磊　葛永波　著

人 民 出 版 社 出版发行
（100706　北京市东城区隆福寺街 99 号）

北京中科印刷有限公司印刷　新华书店经销

2019 年 12 月第 1 版　2019 年 12 月北京第 1 次印刷
开本：710 毫米×1000 毫米 1/16　印张：12.75
字数：200 千字

ISBN 978 - 7 - 01 - 021579 - 2　定价：46.00 元

邮购地址　100706　北京市东城区隆福寺街 99 号
人民东方图书销售中心　电话（010）65250042　65289539